NCS 기반 (국가 직무능력 표준)

이용사 실기

구민사

Preface 머리말

 우리나라의 기술 직종에서(2021년 기준 1,039개 개발) 국가직무 능력표준(NCS National Competency Standards)을 제정하여 산업현장에서 성공적이고 효율적인 직무수행 능력을 갖추도록 필요한 지식과 기술, 소양 등을 체계화하여 기술 및 학습 교육의 표준화를 이루었습니다.

 최근 뷰티산업 분야 중 이용이 하루가 다르게 혁신적 변화로 발전하여 신성장 산업으로 자리매김해 가고 있으며, '바버샵'이라는 새로운 문화가 떠오르고 바버샵의 열기에 '이용사 자격증'에 대한 관심도 커지고 있습니다.

 이에 대한민국 이용장 출신의 교수님들이 한국산업인력공단에서 최근 변경, 출제된 기출문제를 수집 수록하여 문제의 해설을 통해 쉽게 학습할 수 있도록 하였고, 중요 핵심 이론을 체계적으로 요약정리하고 출제 가능한 문제를 수록하였고 변경된 실기, 단발형 이발(하상고), 단발형 이발(중상고), 짧은 단발형(둥근형), 새로 도입된 두피스케일링 과정을 설명과 사진으로 제작, 수록하여 이용사 시험에 응시하는 사람들이 쉽게 이해하고 연습하여 시험에 합격할 수 있도록 집필하였습니다. 이용사 필기, 실기 교재를 통해서 학습한 지식과 직무를 현장에서 능력을 인정받는 이용사, 시대에 부응할 수 있는 이용사가 되는 것이 목표입니다.

 이용 분야의 새로운 학습자료가 제시되는 시대, 변화에 따른 연구를 게을리하지 않을 것을 약속드리며, 실습과 촬영에 적극적으로 참여해주신 교수님들과 편집 디자인에서 출판에 이르기까지 애써주신 도서출판 구민사 조규백 대표님, 나영균 전무님, 주은혜 차장님 그 외 임직원 여러분에게 진심으로 감사의 말씀을 드립니다.

저자 일동

Contents 목차

Chapter 01 단발형 이발 – 하상고

Unit 1. 이용기구 소독
- 소독의 개념 … 05
- 이용기구 소독 작업 … 06

Unit 2. 헤어커트 기초
- 헤어커트의 기초 … 11
  1. 두상 포인트 … 11
  2. 두상 부위별 명칭 … 12
  3. 두상의 분할 용어 … 12
  4. 두상의 분할 라인 … 13
  5. 이용 용어 … 14
- 헤어디자인 요소 … 15
  1. 섹션(Section)의 모양 … 15
  2. 분배(distribute) … 18
  3. 시술 각 (Projection) … 20
  4. 디자인 라인(Design line) … 23
  5. 베이스(base) … 26
  6. 헤어커트 도구 사용법 … 29

Unit 3. 단발형 – 하상고
- 요구 사항 … 41
- 단발형 이발(하상고) 완성작품 … 42
- 단발형 이발(하상고) 도면 … 43
- 단발형 이발(하상고) 작업 … 44

Unit 4. 면도
- 요구 사항 … 69
- 면도기 잡는 방법 … 69
- 얼굴면도 순서 및 방향 … 70
- 면도 작업 … 71

Unit 5. 탈색
- 요구 사항 … 79
- 시술순서 … 79
- 탈색 작업 … 81

Unit 6. 샴푸 및 트리트먼트
- 요구 사항 … 85
- 경혈점 위치 … 86
- 좌식 샴푸 매니플레이션 기법 … 87
- 트리트먼트 매니플레이션 기법 … 90
- 샴푸 및 트리트먼트 작업 … 93

Unit 7. 정발
- 요구 사항 … 99
- 정발 작업 … 100

Unit 8. 아이론 펌
- 요구 사항 … 107
- 아이론 펌 와인딩 위치 … 107
- 아이론 펌 작업 … 108

Contents 목차

Chapter 02 단발형 이발 – 중상고

Unit 1. 단발형 이발 (중상고)
- 요구 사항   115
- 단발형 이발(중상고) 완성작품   116
- 단발형 이발(중상고) 도면   117
- 단발형 이발(중상고) 작업   118

Unit 2. 멋 내기 염색
- 요구 사항   133
- 멋 내기 염색 작업   134

Unit 3. 샴푸 및 스캘프 매니플레이션
- 요구 사항   139
- 샴푸 및 스캘프 매니플레이션 작업   140

Unit 4. 정발
- 요구 사항   145
- 정발 작업   146

Unit 5. 아이론 펌
- 요구 사항   151
- 단발형 이발(중상고) 아이론 펌 도면   151
- 아이론 펌 작업   152

Chapter 03 짧은 단발형 이발 – 둥근형

Unit 1. 짧은 단발형 (둥근형)
- 요구 사항   159
- 짧은 단발형(둥근형) 완성작품   160
- 짧은 단발형(둥근형) 도면   161
- 짧은 단발형(둥근형) 작업   162

Unit 2. 새치머리 염색
- 요구 사항   173
- 새치머리 염색 작업   174

Unit 3. 두피스케일링 및 좌식 샴푸와 스캘프 매니플레이션
- 요구 사항   179
- 두피스케일링 및 좌식 샴푸와 스캘프 매니플레이션 작업   180

Unit 4. 아이론 펌
- 요구 사항   187
- 짧은 단발형(둥근형) 아이론 펌 도면   187
- 짧은 단발형(둥근형) 아이론 펌 작업   188

Features 이 책의 구성 및 특징

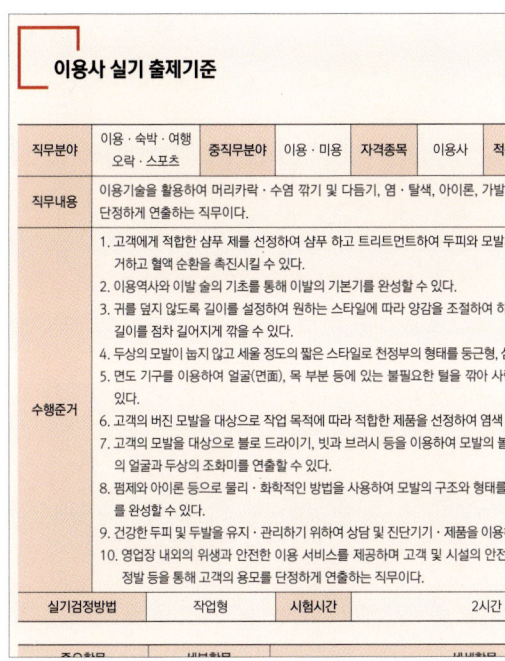

이용사 실기 출제기준 안내

한국산업인력공단의 최근 출제기준을 반영하여 시험 내용에 필요한 정보를 한눈에 찾아볼 수 있도록 하였습니다.

2022년 실기 변경사항 수록

2022년부터 변경된 사항을 각 과제별로 나누어 과년도와 비교한 표로 정리해두어 보다 쉽게 변경된 내용을 파악할 수 있도록 하였습니다.

Features 이 책의 구성 및 특징

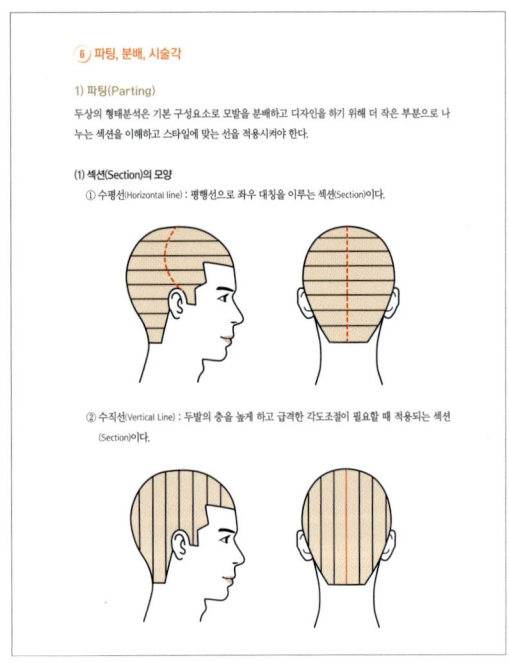

 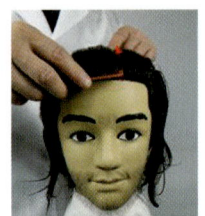

실기를 위한 기초 이론 간략하게 수록

놓치기 쉬운 내용을 일러스트 그림과 함께 간략하게 설명해 두어 실기시험에 보다 철저하게 준비할 수 있도록 구성하였습니다.

사진을 통한 친절한 설명

각 과제별로 상세한 사진과 저자의 노하우가 담긴 친절한 설명으로 이해도를 높이고 세부적인 내용까지 파악할 수 있도록 하였습니다.

이용사 실기 출제기준

직무분야	이용·숙박·여행 오락·스포츠	중직무분야	이용·미용	자격종목	이용사	적용기간	2022. 1. 1.~ 2026. 12. 31
직무내용	이용기술을 활용하여 머리카락·수염 깎기 및 다듬기, 염·탈색, 아이론, 가발, 정발 등을 통해 고객의 용모를 단정하게 연출하는 직무이다.							
수행준거	1. 고객에게 적합한 샴푸 제를 선정하여 샴푸 하고 트리트먼트하여 두피와 모발의 생리적 분비물과 이물질을 제거하고 혈액 순환을 촉진시킬 수 있다. 2. 이용역사와 이발 술의 기초를 통해 이발의 기본기를 완성할 수 있다. 3. 귀를 덮지 않도록 길이를 설정하여 원하는 스타일에 따라 양감을 조절하여 하단부에서 상단부로 갈수록 모발 길이를 점차 길어지게 깎을 수 있다. 4. 두상의 모발이 눕지 않고 세울 정도의 짧은 스타일로 천정부의 형태를 둥근형, 삼각형, 사각형으로 깎을 수 있다. 5. 면도 기구를 이용하여 얼굴(면面), 목 부분 등에 있는 불필요한 털을 깎아 사람의 용모를 단정하게 정리할 수 있다. 6. 고객의 버진 모발을 대상으로 작업 목적에 따라 적합한 제품을 선정하여 염색 및 탈색을 작업할 수 있다. 7. 고객의 모발을 대상으로 블로 드라이기, 빗과 브러시 등을 이용하여 모발의 볼륨을 증가하거나 감소시켜 고객의 얼굴과 두상의 조화미를 연출할 수 있다. 8. 펌제와 아이론 등으로 물리·화학적인 방법을 사용하여 모발의 구조와 형태를 변화시켜 퍼머넌트 헤어 웨이브를 완성할 수 있다. 9. 건강한 두피 및 두발을 유지·관리하기 위하여 상담 및 진단기기·제품을 이용하여 두피 문제를 관리할 수 있다. 10. 영업장 내외의 위생과 안전한 이용 서비스를 제공하며 고객 및 시설의 안전 관리와 사고를 예방할 수 있다. 정발 등을 통해 고객의 용모를 단정하게 연출하는 직무이다.							
실기검정방법	작업형		시험시간		2시간 10분 정도		

중요항목	세부항목	세세항목
1. 샴푸·트리트먼트	1. 샴푸·트리트먼트 준비하기	1. 두피 상태를 유형별로 나누고 특징을 설명할 수 있다. 2. 계면활성제의 기초이론과 성질, 작용, 종류 등 원리를 설명할 수 있다. 3. 세정제와 트리트먼트의 성분, 효과 등을 관련지어 제품 유형을 분석할 수 있다. 4. 모발 상태 또는 서비스 목적에 따라 제품을 준비할 수 있다.
	2. 샴푸·트리트먼트 작업하기	1. 클렌징에 따른 샴푸 목적, 세정작용, pH에 대해 설명할 수 있다. 2. 두부의 브러싱, 매니플레이션 등 실제와 관련하여 설명할 수 있다. 3. 샴푸의 실제를 작업할 수 있다. 4. 트리트먼트의 실제를 작업할 수 있다.

중요항목	세부항목	세세항목
1. 샴푸·트리트먼트	3. 샴푸·트리트먼트 마무리하기	1. 타월을 이용하여 모발의 수분을 제거하고 감싸기를 할 수 있다. 2. 주변환경과 사용 도구, 기구 등을 위생적으로 처리할 수 있다. 3. 원하는 헤어 스타일 제품을 사용하여 리세트 할 수 있다. 4. 모발 제품과 홈케어 방법을 제언해 줄 수 있다.
2. 기초 이발	1. 이용역사 설명하기	1. 이발의 변천사를 형태와 기법으로 설명할 수 있다.
	2. 기초 이발하기	1. 이발 도구인 가위, 틴닝가위, 레이저, 바리캉, 빗 등의 구조와 사용방법을 설명할 수 있다. 2. 이발 도구에 따른 자르기 기본 기법을 실행할 수 있다. 3. 이발 작업에 필요한 기초이론 지식을 적용할 수 있다. 4. 이발의 기본절차를 수행할 수 있다.
3. 단발형 이발	1. 상상고형 이발하기	1. 천정부의 두발을 지간 깎기를 할 수 있다. 2. 천정부 아래 영역의 두발을 거칠게 깎기를 할 수 있다. 3. 바리캉을 이용하여 측면과 후면의 발제 선부터 중단부 이상 그라데이션하여 깎을 수 있다. 4. 바리캉으로 깎은 후 싱글링하여 천정부의 두발과 자연스럽게 연결할 수 있다. 5. 틴닝가위를 사용하여 질감처리를 할 수 있다. 6. 장가위를 사용하여 수정·보완할 수 있다.
	2. 중상고형 이발하기	1. 천정부와 상단부의 두발을 지간 깎기를 할 수 있다. 2. 상단부 아래 영역의 두발을 거칠게 깎기를 할 수 있다. 3. 바리캉을 이용하여 측면과 후면의 발제선부터 하단부까지 그라데이션 하여 깎을 수 있다. 4. 바리캉으로 깎은 후 싱글링하여 상단부의 두발과 자연스럽게 연결할 수 있다. 5. 틴닝가위를 사용하여 질감처리를 할 수 있다. 6. 장가위를 사용하여 수정·보완할 수 있다.
	3. 하상고형 이발하기	1. 천정부와 상단부의 두발을 지간 깎기를 할 수 있다. 2. 상단부 아래 영역의 두발을 거칠게 깎기를 할 수 있다. 3. 바리캉을 이용하여 측면과 후면의 발제선부터 후두 하부까지 그라데이션 하여 깎을 수 있다. 4. 바리캉으로 깎은 후 싱글링하여 상단부의 두발과 자연스럽게 연결할 수 있다. 5. 틴닝가위를 사용하여 질감처리를 할 수 있다. 6. 장가위를 사용하여 수정·보완할 수 있다.

중요항목	세부항목	세세항목
4. 짧은 단발형 이발	1. 둥근형 이발하기	1. 전체 두발을 거칠게 깎기를 할 수 있다. 2. 바리캉을 이용하여 측면과 후면의 발제선부터 후두부까지 그라데이션하여 깎을 수 있다. 3. 천정부를 둥근형으로 깎은 후 싱글링하여 천정부의 두발과 자연스럽게 연결할 수 있다. 4. 틴닝가위를 사용하여 질감처리를 할 수 있다. 5. 장가위를 사용하여 수정·보완할 수 있다.
	2. 삼각형 이발하기	1. 전체 두발을 거칠게 깎기를 할 수 있다. 2. 바리캉을 이용하여 측면과 후면의 발제선부터 후두부까지 그라데이션하여 깎을 수 있다. 3. 천정부를 삼각형으로 깎은 후 싱글링하여 천정부의 두발과 자연스럽게 연결할 수 있다. 4. 틴닝가위를 사용하여 질감처리를 할 수 있다. 5. 장가위를 사용하여 수정·보완할 수 있다.
	3. 사각형 이발하기	1. 전체 두발을 거칠게 깎기를 할 수 있다. 2. 바리캉을 이용하여 측면과 후면의 발제선부터 후두부까지 그라데이션하여 깎을 수 있다. 3. 천정부를 사각형으로 깎은 후 싱글링하여 천정부의 두발과 자연스럽게 연결할 수 있다. 4. 틴닝가위를 사용하여 질감처리를 할 수 있다. 5. 장가위를 사용하여 수정·보완할 수 있다.
5. 기본 면도	1. 기본 면도 기초지식 파악하기	1. 면도 작업에 기초이론을 이해하고 설명할 수 있다. 2. 모질을 이해하고 설명할 수 있다. 3. 피부의 유형을 파악하여 설명할 수 있다. 4. 기본 면도 도구에 종류와 관리 및 사용방법을 설명할 수 있다. 5. 기본 면도 제품의 종류와 사용방법을 설명할 수 있다.
	2. 기본 면도 작업하기	1. 기본 면도 피부 종류나 수염 성질을 이해하고 작업할 수 있다. 2. 기본 면도 기구를 선정하여 사용방법에 따라 작업할 수 있다. 3. 기본 면도 제품을 사용하여 작업할 수 있다. 4. 기본 면도 방법과 순서에 따라 작업할 수 있다. 5. 기본 면도 위치와 자세에 따라 작업할 수 있다.
	3. 기본 면도 마무리하기	1. 면도 작업 후 크림, 비눗물을 스팀 타월로 닦기를 할 수 있다. 2. 크림 매니플레이션을 할 수 있다. 3. 사용한 기구를 분리하여 소독 후 위생 관리할 수 있다. 4. 고객 카드를 기록할 수 있다.

중요항목	세부항목	세세항목
6. 기본 염·탈색	1. 염·탈색 준비하기	1. 색채 이론을 기본으로 모발의 색, 모발 색상 이론을 설명할 수 있다. 2. 과산화수소의 유형과 역할, 작용, 사용범주 등을 염·탈색과 관련하여 설명할 수 있다. 3. 탈색제의 성분과 구성, 종류, 작용, 손상 등 탈색과 관련하여 설명할 수 있다. 4. 염모제의 구분과 염모제별 특징과 사용방법 등을 염색에 관하여 설명할 수 있다.
	2. 염·탈색 작업하기	1. 염·탈색 작업과 관련하여 고객 상담, 패치 테스트, 스트랜드 테스트를 할 수 있다. 2. 탈색제를 사용하여 블리치 레벨을 만들 수 있다. 3. 비산화 염모제를 사용하여 다양한 결과 색상을 만들 수 있다. 4. 산화 영구 염모제를 사용하여 백모염색과 멋 내기 염색을 할 수 있다.
	3. 염·탈색 마무리하기	1. 에멀젼 작업을 할 수 있다. 2. 마무리 샴푸·트리트먼트를 할 수 있다. 3. 정발 제품을 사용하여 리셋할 수 있다. 4. 고객에게 홈케어 방법을 설명하고 제품을 추천할 수 있다. 5. 고객 관리프로그램(ERP)사용 방법을 이해하고 고객관리등록을 할 수 있다. 6. 작업에 사용한 기구를 위생적으로 관리, 정리할 수 있다.
7. 기본 정발	1. 기초지식 파악하기	1. 블로 드라이 작업의 기본 원리를 이해하고 설명할 수 있다. 2. 얼굴형에 어울리는 가르마 스타일을 설명할 수 있다. 3. 정발 작업에 필요한 기구의 사용법을 이해하고 설명할 수 있다. 4. 정발 작업에 필요한 정발료의 사용법을 이해하고 설명할 수 있다.
	2. 기본 정발 작업하기	1. 기본 정발 작업에 필요한 기구와 정발제품을 준비할 수 있다. 2. 정발제품을 순서와 방법에 따라 바를 수 있다. 3. 기본 정발 스타일을 순서와 방법에 따라 작업할 수 있다.
	3. 마무리 및 정리 정돈하기	1. 스타일을 마무리할 수 있다. 2. 사용한 도구 및 재료를 위생적으로 처리할 수 있다.

중요항목	세부항목	세세항목
8. 기본 아이론 펌	1. 기본 아이론 펌 준비하기	1. 모발의 형태 및 특성에 대하여 말할 수 있다. 2. 펌 디자인의 이해. 펌 역사, 펌 용제에 대해 말할 수 있다. 3. 아이론 직펌의 원리 및 모발 손상에 대해 말할 수 있다. 4. 기본 아이론 펌 디자인의 작업 과정에 대해 말할 수 있다. 5. 작업 전의 기술적인 전 과정을 준비할 수 있다. 6. 작업 전의 태도에 관한 전 과정을 준비할 수 있다.
	2. 기본 아이론 펌 작업하기	1. 선정된 기구를 조작할 수 있다. 2. 기본 아이론 펌 디자인 패턴을 작업할 수 있다. 3. 아이론 직펌 순서와 방법에 따라 작업할 수 있다. 4. 기기 사용 시 작업장 청결과 고객 안전에 유의하며 작업할 수 있다.
	3. 기본 아이론 펌 마무리하기	1. 고객의 만족도에 따른 수정, 보완을 할 수 있다. 2. 제품을 사용하여 리셋을 연출할 수 있다. 3. 아이론 펌 후 홈케어 방법과 스타일에 따른 제품을 추천할 수 있다. 4. 사용한 도구 및 재료를 위생적으로 처리할 수 있다. 5. 고객 기록 카드를 작성하여 정보 수집과 관리를 할 수 있다.
9. 스캘프 케어	1. 스캘프 케어 준비하기	1. 두피 생리론을 알고 두피 문제를 설명할 수 있다. 2. 모발 생리론을 알고 두피 문제를 설명할 수 있다. 3. 탈모 이론을 알고 준비할 수 있다. 4. 탈모와 관련된 영양에 대해 설명할 수 있다. 5. 두피 관련 식이에 대해 설명할 수 있다.
	2. 진단·분류하기	1. 두피 상태를 진단·분류할 수 있다. 2. 두피 유형에 따라 두피 유형을 분류할 수 있다. 3. 두피 유형에 따른 관리 방법에 대해 설명할 수 있다.
	3. 스캘프 케어하기	1. 문제성 두피를 관리할 수 있다. 2. 문제성 모발을 관리할 수 있다. 3. 두피 관리과정을 알고 적용할 수 있다. 4. 두피 관리 매뉴얼을 작성할 수 있다. 5. 두피 테라피를 적용할 수 있다.
	4. 사후 관리하기	1. 관리 종결 후 홈케어 상담을 제안할 수 있다. 2. 두피 유형에 따른 샴푸 방법에 대해 제안할 수 있다. 3. 두피 유형에 따른 제품의 사용방법을 제안할 수 있다.

중요항목	세부항목	세세항목
10. 이용 위생·안전관리	1. 이용사 위생 관리하기	1. 법정 감염병 예방 수칙에 따라 전염병의 위험성과 예방 대책을 적용할 수 있다. 2. 위생관리 지침에 따라 청결, 소독 등을 통하여 질병 등 스스로 건강상태를 관리하고 보고할 수 있다. 3. 용모관리 지침에 따라 단정한 복장과 개인위생 장구, 언행, 금연 등의 작업장 근무수칙을 준수할 수 있다. 4. 공중위생관리법에 따라 위생교육을 받을 수 있다. 5. 위생점검일지를 준수하며 개선할 수 있다.
	2. 영업장 위생 관리하기	1. 공중위생영업의 시설 및 위생관리 기준을 갖출 수 있다. 2. 쾌적한 실내 환경을 위한 환경인자를 조절할 수 있다. 3. 영업장 내 시설·설비의 위치에 따라 청소, 소독, 정리 정돈, 폐기물 분리를 할 수 있다. 4. 공중이용시설의 정기적인 점검을 통해 위생점검일지를 작성하고 영업장 환경위생을 개선할 수 있다.
	3. 이용기구 소독하기	1. 소독제의 종류와 특성에 따라 적정 비율로 조제할 수 있다. 2. 소독제 사용방법에 따라 이용기구를 소독할 수 있다. 3. 사용용도에 따라 소독한 기구와 소독하지 아니한 기구를 분리하여 보관할 수 있다.
	4. 영업장 안전사고 예방하기	1. 산업재해 발생 원인에 따른 산업재해 유형을 설명할 수 있다. 2. 영업장 내·외의 전기, 화재, 낙상사고 예방을 위해 안전상태를 사전에 점검하여 위험요소를 제거할 수 있다. 3. 응급 및 긴급사항 발생 시 안전매뉴얼에 따라 신속하게 대처할 수 있다. 4. 정기적인 안전교육을 통해 소방시설을 점검하고 관리할 수 있다.

2022 이용사 국가기술자격 실기시험 변경사항 안내

과제명 변경 및 세부 작업 추가

◆ (과제명 변경) NCS의 능력 단위 변경에 따른 과제 명칭과 용어 통일
※ 보통 머리 - 단발형 이발(하상고), 상고머리 - 단발형 이발(중상고), 둥근 스포츠 - 짧은 단발형 이발(둥근형)

구분	단발형 이발(하상고)		단발형 이발(중상고)		짧은 단발형 이발(둥근형)		비고
시험시간	2시간 10분 (사전샴푸시간 5분 제외)		2시간 10분 (사전샴푸시간 5분 제외)		2시간		
세부 작업명	1	이용기구소독 및 정비	1	이용기구소독 및 정비	1	이용기구소독 및 정비	
	2	헤어커트	2	헤어커트	2	헤어커트	
	3	면도	3	면도	3	면도	
	4	탈색	4	염색	4	염색	
	5	샴푸·트리트먼트	5	샴푸·트리트먼트	5	두피스케일링 및 샴푸·트리트먼트	
	6	정발	6	정발	6	아이론 펌	
	7	아이론 펌	7	아이론 펌			

※ (두피스케일링 추가) 현장에서 두피스케일링 작업 비중 증가로 기초 능력으로써 필요하다고 인정되어 둥근형 과제에 작업 추가

세부 작업 내용 변경

◆ (이용기구소독) 소독약 조제 삭제, 정비작업 추가, 소독약 변경, 시험시간 축소

구분	이전 (2021 시행)	변경 (2022 시행)	비고
과제명	이용기구소독	이용기구소독 및 정비	
시험시간	10분	5분	

구분	이전 (2021 시행)	변경(2022 시행)	비고
작업내용	이용기구에 적합한 소독약을 적정 비율로 조제한 다음 작업에 사용될 가위, 빗, 면도기, 전기바리캉을 소독하시오. (이하 생략) (작업순서) 소독약 제조하기 → 기구 분해하기 → 기구 소독하기 → 정리 정돈하기	소독약(에탄올)을 사용하여 작업에 사용될 가위, 빗, 면도기, 전기 클리퍼를 소독하고, 가위류와 클리퍼를 오일을 사용하여 정비하시오. (면도기는 소독 후 면도날을 끼워서 조립하고, 클리퍼의 경우 몸체와 날을 분리하여 소독 후 재결합 하시오.) (작업순서) 기구 분해하기 → 기구 소독하기 → 오일 정비하기 → 정리 정돈하기	소독방식 동일 소독약 변경 조제 작업 삭제 정비작업 추가

◆ (헤어커트) 바리캉 용어 변경(바리캉→클리퍼), 커트 작업 문구 수정
- 작업 도구 사용의 차별성을 두기 위해 커트 형에 따라 사용 도구 제한
  ※ 가위 커트(하상고), 가위 및 클리퍼 커트(중상고), 클리퍼 커트(둥근형) 등 스타일에 따라 사용 도구를 다르게 하여 작업 수행)

구분	이전 (2021 시행)	변경(2022 시행)	비고
단발형 이발 (하상고)	가위와 전기바리캉을 사용하여 도면과 같이 머리카락이 귀 부분을 덮지 않은 단정한 머리형으로 조발하시오. (단, 바리캉을 넥라인(목 뒷부분) 2cm 이하의 범위로만 사용하여 올려깎기 한 후, ~ 이하생략)	가위를 사용하여 도면과 같이 머리카락이 귀 부분을 덮지 않은 단정한 머리형으로 조발하시오. (단, 조발순서는 전두부에서부터 후두부 상단, 양측두부, 후두부 순으로 진행하시오.)	가위를 사용하여 도면과 같이 머리카락이 귀 부분을 덮지 않은 단정한 머리형으로 조발하시오. (단, 조발순서는 전두부에서부터 후두부 상단, 양측두부, 후두부 순으로 진행하시오.)
단발형 이발 (중상고)		가위와 클리퍼를 사용하여 도면과 같이 머리카락이 귀 부분을 덮지 않은 단정한 머리형으로 조발하시오. (단, 조발순서는 전두부에서부터 후두부 상단, 양측두부, 후두부 순으로 진행하고, 클리퍼는 넥라인(목 뒷부분) 3cm 이하, 사이드 라인 2cm 이하의 범위로만 사용하여 올려깎기 한 후, 클리퍼 커트한 부위를 가위만 사용하여 싱글링 그라데이션 하시오.	커트 방식 변경 없음

구분	이전 (2021 시행)	변경(2022 시행)	비고
짧은 단발형 이발 (둥근형)	(단, 바리캉을 ~ 바리캉 부위 접합부를 가로로 그라데이션 하시오.)	빗과 클리퍼를 사용하여 도면과 같이 머리카락이 귀 부분을 덮지 않은 단정한 머리형으로 조발하시오. (단, 조발순서는 전두부에서부터 후두부 상단, 양측두부, 후두부 순으로 진행하고, 클리퍼는 넥라인(목 뒷부분) 4cm 이하, 사이드 라인 3cm 이하의 범위로만 사용하여 올려깎기 하시오.)	바리캉으로 전체 커트 됨 (수정 커트제외)

− 마네킹 준비사항 변경 및 작업 방식 변경으로 인한 작업시간 변경

구분	이전 (2021 시행)	변경(2022 시행)	비고
하상고, 중상고	25분	30분	5분 연장
둥근형	35분	30분	5분 감소

◆ (면도) 변경사항 없음

◆ (탈·염색) 탈색 시험시간 변경(5분 증가)

구분	이전 (2021 시행)	변경(2022 시행)	비고
탈색	30분	35분	5분 증가
염색	30분	변경 없음	

◆ (샴푸·트리트먼트) 둥근형 과제만 두피 트리트먼트 작업 추가

구분	이전 (2021 시행)	변경(2022 시행)	비고
둥근형	마네킹의 두발을 좌식 샴푸 (이하 생략) (작업순서) 세발앞장치기 → 샴푸 및 세척하기 → (이하 생략)	스케일링 재를 사용하여 마네킹의 두피 전체를 스케일링한 후, 두발을 좌식 샴푸 (이하 생략) (작업순서) 세발앞장치기 → 스틱 봉 만들기 → 두피 스케일링하기 → 샴푸 및 세척하기 → (이하 생략)	두피스케일링작업 추가 및 작업시간 연장 (10분→20분)

− 작업시간 내 스틱 봉(4개) 제조 후 스케일링
　※ 우드 스틱을 면으로 감은 후 거즈를 그 위에 한 번 더 감고, 끝부분에 스카치테이프 등을 이용해 풀리지 않도록 붙여 만들 것

- 스케일링 순서 : 전두부 → 두정부 → 우측 두부 → 후두부 → 좌측 두부
◆ (면도) 변경사항 없음
◆ (아이론 펌) 변경사항 없음

지참재료 변경

◆ 마네킹 사전 준비사항(사전 커트) 삭제로 인한 규격 변경

번호	내용	이전(2021 시행)	변경(2022 시행)	비고
1	규격	앞머리 10cm 이상, 뒷머리(발제선 부분) 2cm 이상의 면체 시술 가능한 수염이 나 있는 마네킹 (수염의 길이는 1cm 이상)	1cm 이상의 면체 작업 가능한 수염이 나 있는 마네킹(수염을 제외한 나머지는 원형대로인 상태이어야 함)	

◆ 소독제 변경(크레졸 → 에탄올) 및 오일 추가

번호	이전(2021 시행)					변경(2022 시행)					비고
	재료명	규격	단위	수량	비고	재료명	규격	단위	수량	비고	
21	크레졸 비누액	기구소독용, 20mL/병	병	1	사용하던 것도 무방	에탄올	기구소독용, 500mL/병	병	1	사용하던 것도 무방	
42						오일(기구 정비용) 추가					필요량

◆ 두피스케일링 재료 추가

번호	재료명	규격	단위	수량	비고
43	우드 스틱	스케일링용	개	5	
44	면 솜	스틱봉용 적정 사이즈	개	5	필요량
45	거즈	스틱봉용 잘라진 것	개	5	
46	스케일링제	용기 포함	개	1	필요량

기타

◆ 용어 변경
- 바리캉 → 클리퍼

◆ 단발형 이발(하상고형) 과제 커트 작업내용 변경으로 인한 수험자 유의사항 내 클리퍼 감점 관련 내용 삭제

시행일

◆ 2022년 기능사 제2회 실기시험부터 시행

수험자 지참 재료 목록

일련번호	재료명	규격	단위	수량	비고
1	남성용 인모 새치머리형 마네킹(면체가 가능하고 재질이 부드럽고 말랑한 것)	1cm 이상의 면체 작업 가능한 수염이 나 있는 마네킹(수염을 제외한 나머지는 원형대로인 상태이어야 함)	개	1	사전에 약품처리를 하거나 아이론 작업을 하지 않은 것
2	가위	이용용	〃	1	장가위
3	틴닝가위(숱가위)	〃	〃	1	
4	빗 및 브러시	조발 및 정발용 빗(대, 중, 소), 정발용 브러시(클래식 브러시 (일명, 덴맨브러시))	세트	1	빗 3개, 브러시 1개 이상
5	이용용 면도기	면체용	개	1	면도날 포함
6	면도컵 및 면도브러시	〃	세트	1	비누 포함
7	커트보	조발용	장	1	
8	샴푸보	세발용	〃	1	
9	타월	흰색	〃	6	6장 이상

일련번호	재료명	규격	단위	수량	비고
10	털이개	조발용	개	1	
11	위생복	이용사용	벌	1	가운 형
12	위생마스크	면체용	개	1	흰색
13	분무기	조발용	〃	1	
14	화장수(스킨) 및 로션	남성용 50mL/병	병	각1	사용하던것도 무방함
15	헤어크림	〃	〃	1	〃
16	포마드	〃	〃	1	〃
17	샴푸 및 트리트먼트제	각 50mL/병	병	1	좌식샴푸용 용기 포함
18	천가분	조발용	개	1	사용하던 것도 무방함
19	목종이(넥페이퍼)	두루말이	cm	100	〃
20	티슈(크리넥스)	화장용	장	15	〃
21	에탄올	기구소독용, 500mL/병	병	1	〃
22	위생봉지(투명)	쓰레기 처리용	장	1	투명비닐
23	이용용 헤어드라이어	정발용	개	1	220V용
24	전기바리캉	건전지용(또는 충전식)	개	1	
25	아이론	6mm, 12mm	개	각1	220V용
26	아이론 오일		통	1	
27	아이론 빗		개	1	
28	염모제	12레벨	개	1	멋내기용
29	염모제	흑갈색	개	1	새치머리용
30	탈색제	파우더타입	개	1	
31	산화제	6%	개	1	
32	염색 보울		개	1	
33	염색 빗		개	1	
34	염색용 장갑		켤레	1	
35	비닐 캡		개	1	

일련번호	재료명	규격	단위	수량	비고
36	소독용 솜		개	1	필요량
37	히팅 캡		개	1	
38	앞치마	염색용	개	1	
39	염색보	염색용	개	1	
40	호일	탈색용	개	1	필요량
41	집게핀	탈색용	세트	1	필요량
42	오일	기구 정비용	개	1	
43	우드 스틱	스케일링용	개	5	
44	면 솜	스틱 면봉 적정 사이즈	개	5	필요량
45	거즈	스틱봉용 잘라진 것	개	5	
46	스케일링제	용기 포함	개	1	필요량

1. 각 기구는 완전히 잘 정비된 것이어야 하고 검정 중 고장으로 인한 손해는 수험자 책임임
2. 소독제는 소독용 에탄올(70~95%)이어야 함.
3. 수험자 지참 공구목록 이외에 실기시험에서 요구한 지정 기구에 영향을 주지 않는 범위 내에서 수험자가 이용작업에 필요하다고 생각되는 도구 및 화장품은 추가 지참할 수 있음
4. 전기 클리퍼의 경우 덧날이나 자동조절 클리퍼의 지참 및 사용을 금함.
5. 염·탈색의 경우 빠른 작업이 가능한 제품을 사용할 것

01
Chapter

단발형 이발
– 하상고

Unit 1 | 이용기구 소독
Unit 2 | 헤어커트 기초
Unit 3 | 단발형 – 하상고
Unit 4 | 면도
Unit 5 | 탈색
Unit 6 | 샴푸 및 트리트먼트
Unit 7 | 정발
Unit 8 | 아이론 펌

이용기구 소독

Unit 1

❊ 소독의 개념

병원미생물을 활동하지 못하게 하거나 제거하여 감염을 방지하는 일을 말한다.

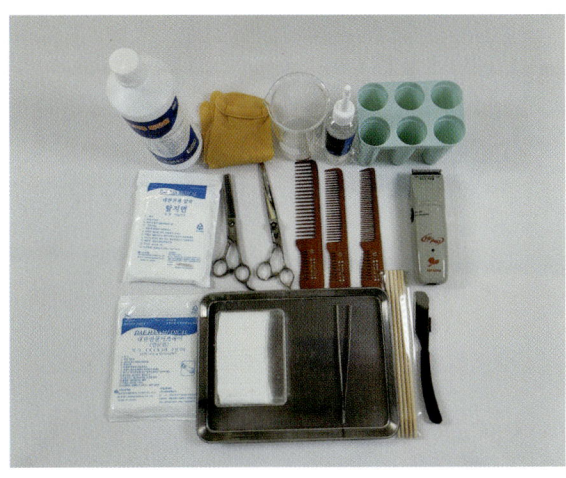

[준비물 리스트]

소독용 에탄올 500mL, 마스크, 티슈, 솜, 거즈, 핀셋, 클리퍼, 빗 세트, 가위(장가위, 틴닝가위), 면도기

작업명	이용기구소독
제한시간	5분
작업순서	• 소독약(에탄올)을 사용하여 작업에 사용될 가위, 빗, 면도기, 전기 클리퍼를 소독하고, 가위와 클리퍼를 오일을 사용하여 정비하시오. • 면도기는 소독 후 면도날을 끼워서 조립하고, 전기 클리퍼의 경우 몸체와 날을 분리하여 소독 후 재결합하시오) (작업순서) 기구 분해하기 → 기구 소독하기 → 오일 정비하기 → 정리 정돈하기
유의사항	• 가위(장가위, 틴닝가위), 빗(대, 중, 소), 면도기, 클리퍼를 소독하시오. • 소독약의 취급, 소독처리 및 클리퍼 재결합에 유의하시오.

• 지급 품목 : 트레이, 비커

❀ 이용기구 소독 작업

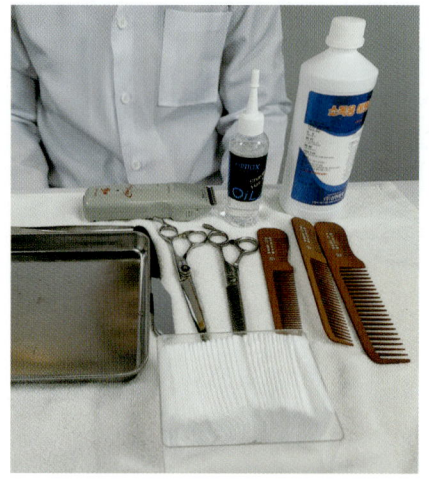

1. 소독 준비물 : 면도기, 장가위, 틴닝가위, 빗(대, 중, 소) 3개, 클리퍼, 소독약(에탄올 500mL), 오일, 핀셋, 화장 솜 등

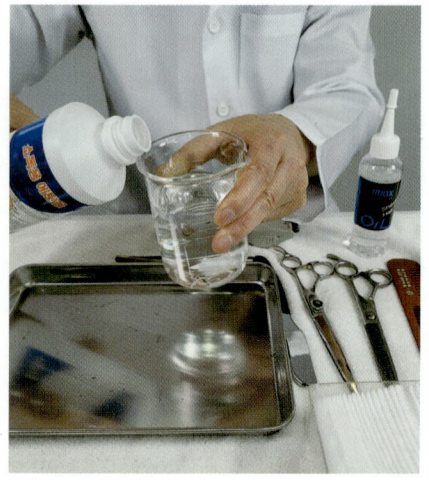

2. 소독용(에탄올)을 비커에 약 250mL 부어서 준비한다.

3. 비커에 담겨있는 에탄올을 트레이에 부어 준다.

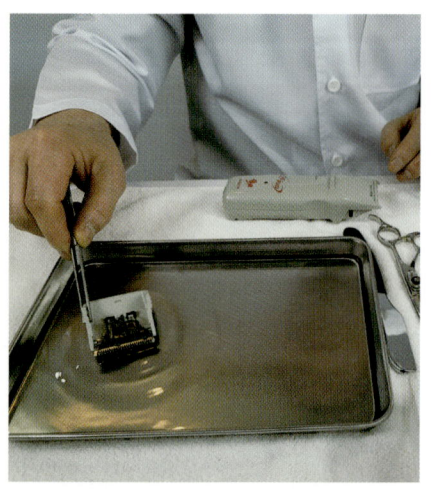

4. 클리퍼 몸체와 날을 분리하여 브러시로 이물질을 제거한 후 클리퍼 날을 에탄올에 담가 둔다.

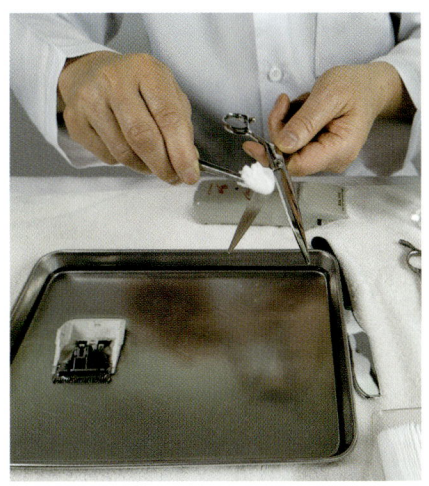

5. 핀셋으로 에탄올을 화장 솜에 묻혀서 장가위 안쪽에서 끝쪽 방향으로 소독한다. 에탄올이 묻지 않은 화장 솜으로 다시 한번 닦아준다.

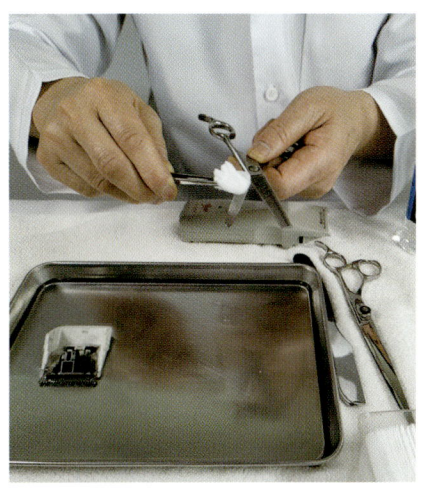

6. 사용하지 않은 화장 솜에 에탄올을 묻혀서 틴닝가위 안쪽과 바깥쪽을 고르게 소독한다. 에탄올이 묻지 않은 화장 솜으로 다시 한번 닦아준다.

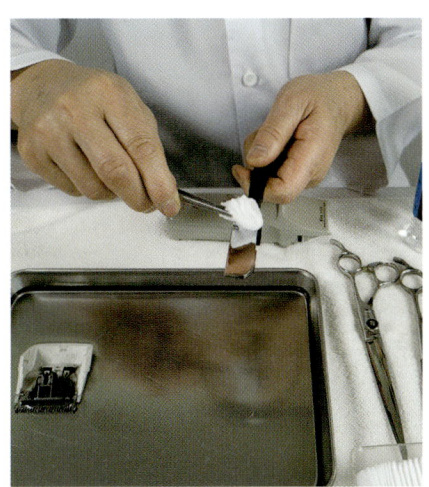

7. 핀셋으로 에탄올을 화장 솜에 묻혀서 면도기 앞과 뒤를 고르게 소독한다.

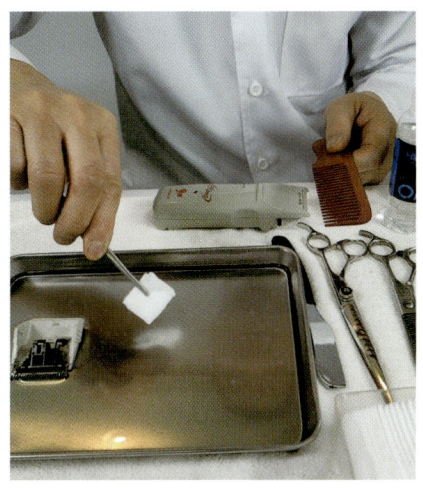

8. 핀셋으로 에탄올을 묻혀서 커트 빗 앞과 뒤를 고르게 소독한다.

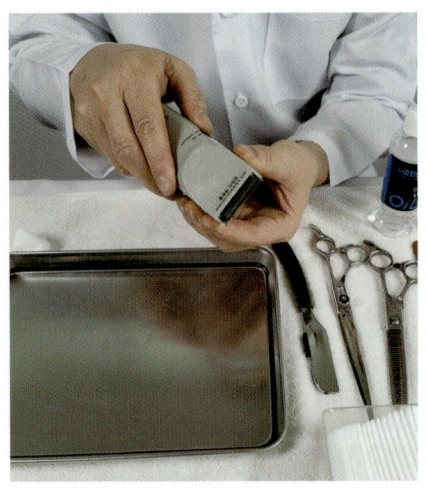

9. 클리퍼 날에 마른 화장 솜으로 남아있는 에탄올을 제거한 후 클리퍼 날을 몸체에 조립한다.

10. 클리퍼 날을 조립한 후 남아있는 에탄올을 완전히 제거한다.

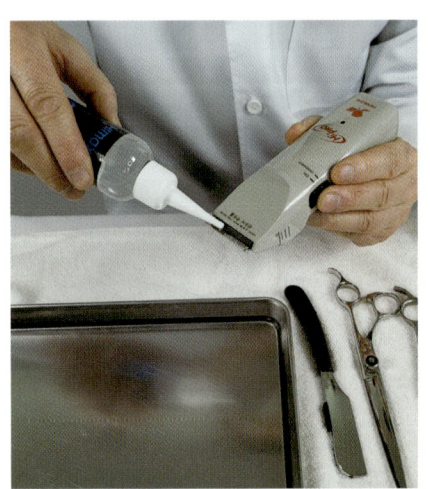

11. 클리퍼 날을 조립 후 클리퍼 오일(oil)을 한두 방울 주입하여 클리퍼운행을 부드럽게 하며 소음 저하 및 마모방지를 예방할 수 있다.

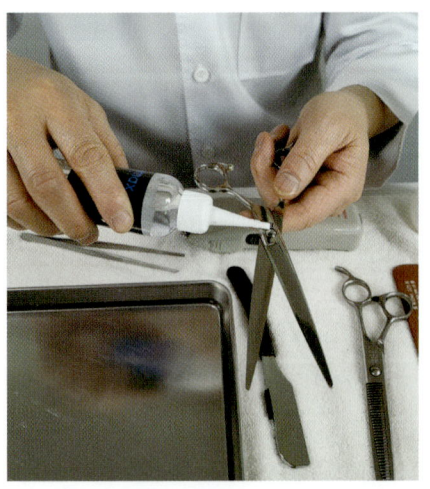

12. 장가위와 틴닝가위 개폐 작동이 원활하도록 오일(oil)을 가위 선회 축에 주입한다.

MEMO

헤어커트 기초

Unit 2

헤어커트의 기초

1 두상 포인트

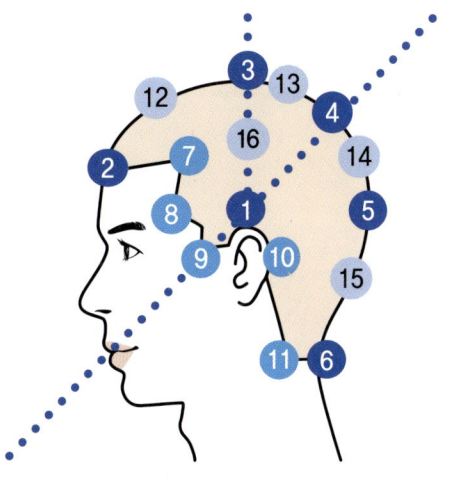

번호	기호	명칭
1	E.P	이어 포인트 (ear point)
2	C.P	센터 포인트 (center point)
3	T.P	톱 포인트 (top point)
4	G.P	골덴 포인트 (golden point)
5	B.P	백 포인트 (back point)
6	N.P	네이프 포인트 (nape point)
7	F.S.P	프런트 사이드 포인트 (front side point)
8	S.P	사이드 포인트 (side point)
9	S.C.P	사이드 코너 포인트 (Side Corner Point)
10	E.B.P	이어 백 포인트 (Ear Back Point)
11	N.S.P	네이프 사이드 포인트 (Nape Side Point)
12	C.T.M.P	센터 톱 미디움 포인트 (Center Top Medium Point)
13	T.G.M.P	톱 골덴 미디움 포인트 (Top Golden Medium Point)
14	G.B.M.P	골덴 백 미디움 포인트 (Golden Back Medium Point)
15	B.N.M.P	백 네이프 미디움 포인트 (Back Nape Medium Point)
16	E.T.M.P	이어 톱 미디움 포인트 (ear top medium point)

② 두상 부위별 명칭

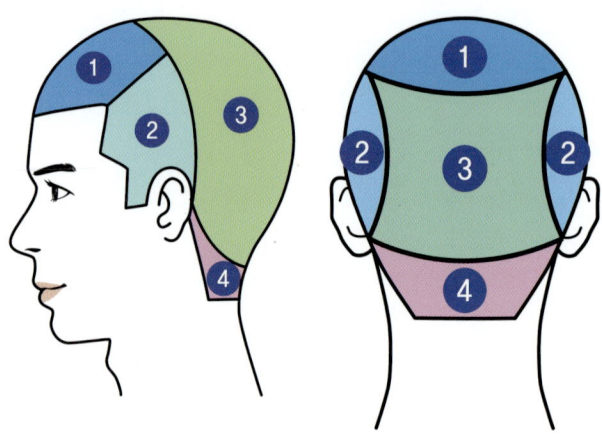

① 전두부(Top)
② 측두부(Side)
③ 두정부(Crown)
④ 후두부(Nape)

③ 두상의 분할 용어

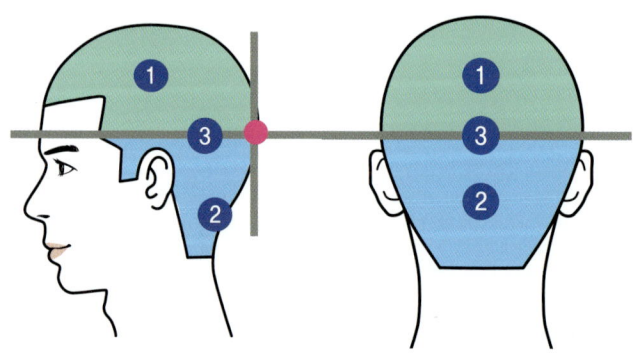

① 인테리어(Interior) : 두상의 크레스트(Crest) 윗부분의 명칭이다.

② 익스테리어(Exterior) : 두상의 크레스트(Crest) 아랫부분의 명칭이다.

③ 크레스트(Crest) : 인테리어와 익스테리어의 분할선 명칭이다.

④ 두상의 분할 라인

① 정중선(Center Line)

센터 포인트에서 네이프 포인트까지 좌우로 분할하는 선이다.

② 측중선(E.E.L-Ear To Ear Line)

좌우의 귀를 세로로 두상부위 측면을 전후로 2등분하는 선이다.

③ 수평선(H.L-Horizontal Line)

양쪽 이어 포인트(E.P)의 높이를 가로로 두상부위 측면을 상하로 2등분하는 선이다.

④ 측두선(U Line)

양쪽 프론트 사이드 포인트(F.S.P)에서 측중선까지 연결하는 선이다.

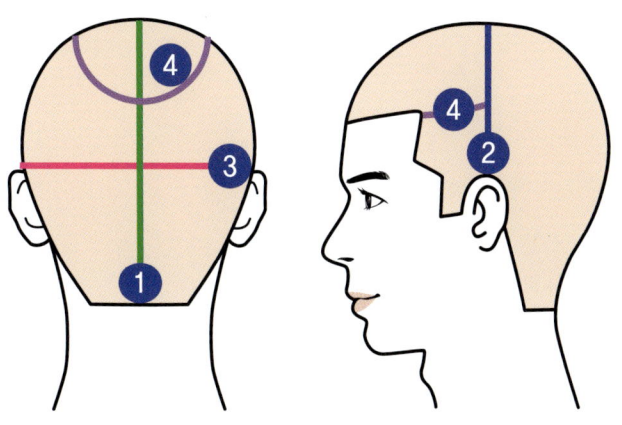

5 이용 용어

(1) 헤어라인(Hair Line)
얼굴과 모발이 나 있는 두피의 경계부분

(2) 분발선(Part)
가르마를 분할하는 선

(3) 구레나룻(Sideburns)
측두부 귀 앞에 턱선까지 잇따라 난 모발

(4) 조발(Cut)
두발을 커트하고 다듬는 것

(5) 접합선(Clipper Line)
클리퍼 라인과 가위커트의 경계선

(6) 면체술(Shaving Skill)
얼굴에 수염이나 헤어라인, 이어포인트, 이어백, 네이프까지 연모를 깎는 것

(7) 정발술(Dry Skill)
두발을 헤어 드라이기로 입체적인 모양을 세팅하는 것

(8) 세발술(Wash Skill)
두피와 모발에 피지나 기타 오염물을 씻어내는 것

(9) 숱음깎기(Thinning Out)
두발의 숱치기를 하는 것

❋ 헤어디자인 요소

두상의 형태분석은 기본 구성요소로 모발을 분배하고 디자인을 하기 위해 더 작은 부분으로 나누는 섹션을 이해하고 스타일에 맞는 선을 적용시켜야 한다.

① 섹션(Section)의 모양

(1) 수평선(horizontal line) : 평행선으로 좌우 대칭을 이루는 섹션(section)이다.

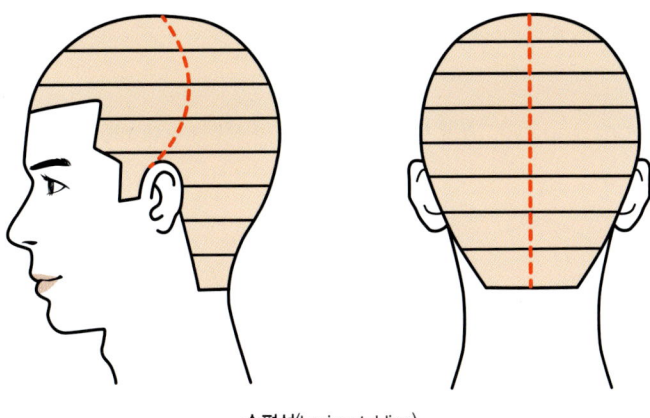

수평선(horizontal line)

(2) 수직선(Vertical Line) : 두발의 층을 높게 내고 급격한 각도조절이 필요할 때 적용되는 섹션(section)이다.

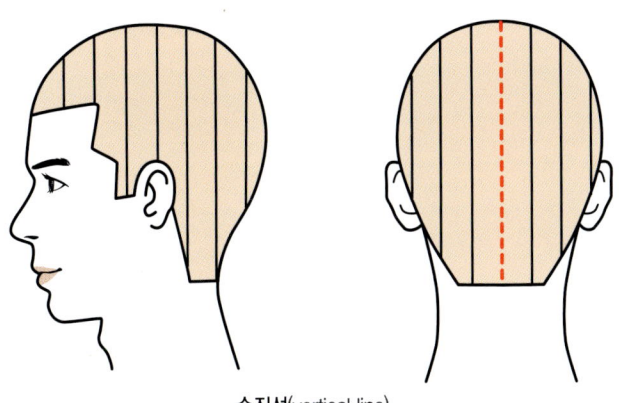

수직선(vertical line)

(3) 전 대각(diagonal concave) : 얼굴 앞쪽으로 진행하는 섹션(section)이다.

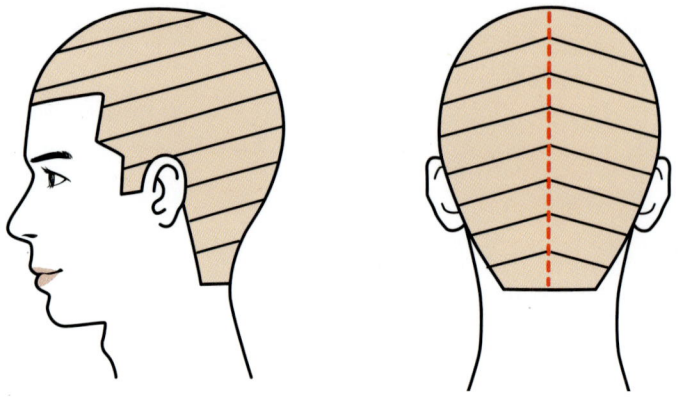

전 대각(diagonal concave)

(4) 후 대각(diagonal convex) : 얼굴 뒤쪽으로 진행하는 섹션(section)이다.

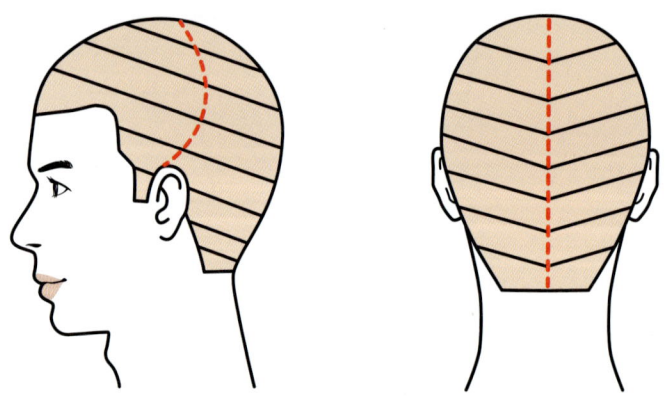

후 대각(diagonal convex)

(5) 방사형(pivot) & (radial) : 골덴 포인트를 중심점으로 방사선으로 나누는 섹션(section)으로 두발의 분배를 같게 할 때 적용 한다.

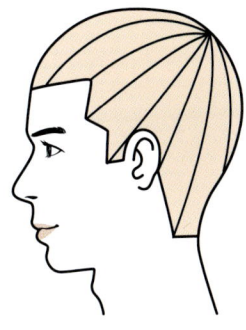 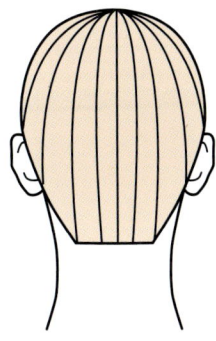 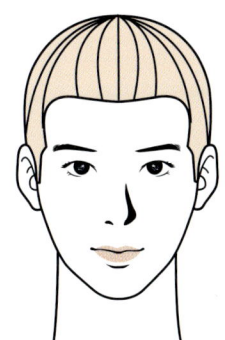

방사형(pivot)

2 분배(distribute)

두상 섹션(section)에 대해 모발이 빗질 되는 방향을 의미한다.

(1) 자연분배(Natural Distribution)
섹션(Section)에 대해 두발이 중력의 방향으로 빗질된다.

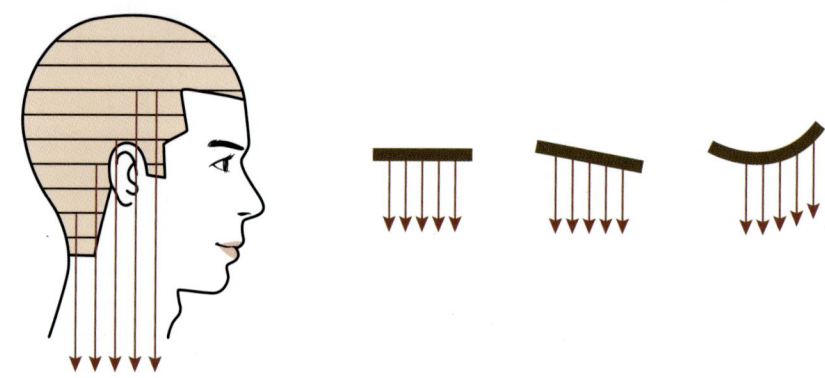

자연분배(natural distribute)

(2) 직각분배(perpendicualr distribution)
섹션(section)에 대해 두발이 90° 직각 방향으로 빗질 된다.

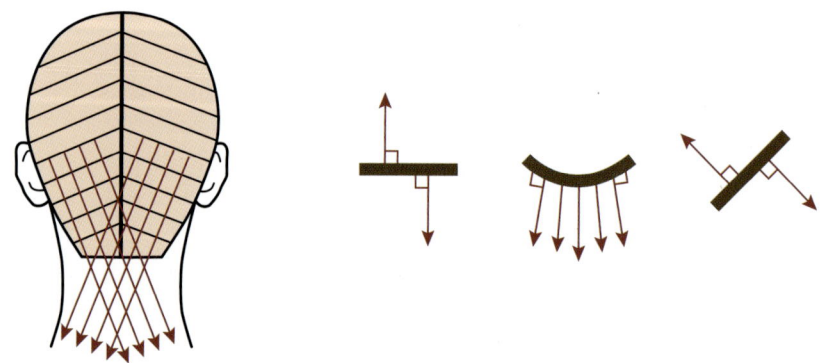

직각분배(perpendicualr distribution)

(3) 방향분배(Direction Distribution)

방향을 정해놓고 그 방향대로 두발을 빗질하는 것으로 한쪽으로 집중되어 길이가 다르게 표현될 수 있다.

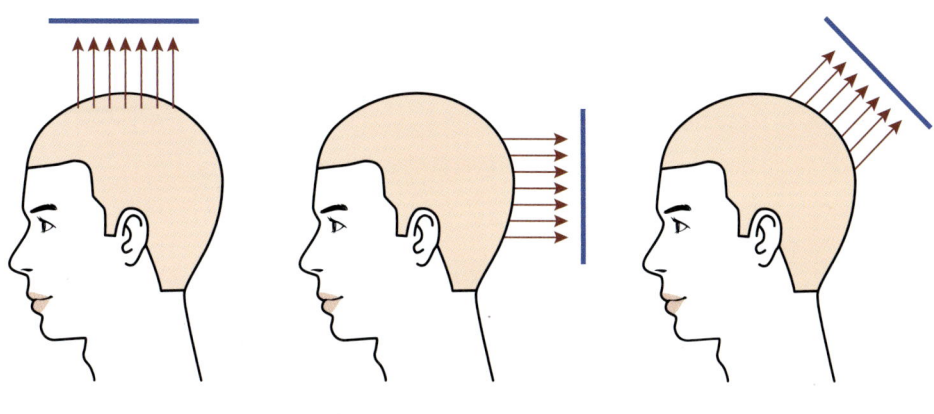

방향분배(direction distribute)

(4) 변이분배(Shitted Distribution)

섹션(section)에 대해 임의의 방향으로 빗질 되며 자연분배와(0°) 직각분배(90°) 외의 다른 방향으로 모든 각도의 빗질 상태를 말한다.

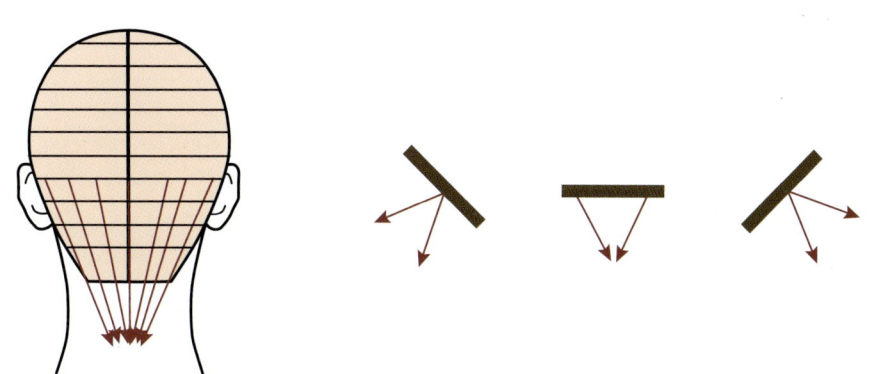

변이분배(shitted distribute)

3 시술 각 (Projection)

시술 각 (Projection)은 커트 과정에 모발이 두상으로부터 들려지는 각도를 말한다.
시술의 종류는 자연 시술 각(고정 각)과 일반시술 각(이동 각)이 있다.

(1) 모발이 두상 곡면 위에서 아래로 자연스럽게 떨어질 때 (Natural Fall) 보이는 모습이 자연 시술 각 천체 축 (celestial axis) 각도라고 한다.
(2) 두상 곡면에서 모발을 들었을 때 파생되는 각도를 일반시술 각도라고 한다.

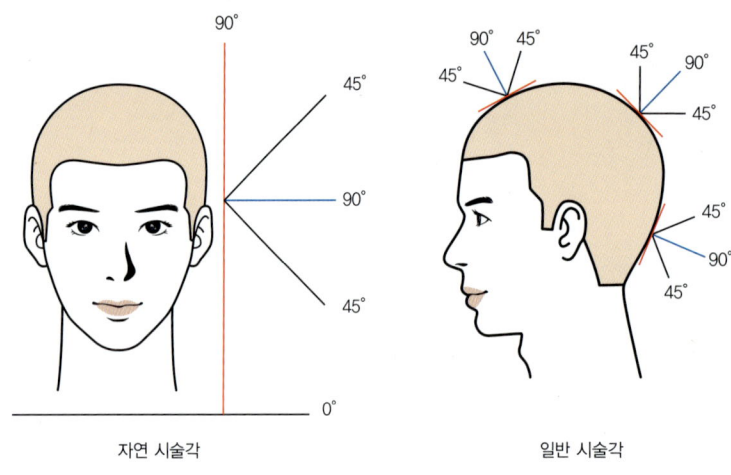

자연 시술각   일반 시술각

시술 각 (projection)

(3) 원랭스(One-Length)형에 사용되는 시술각
두상의 곡면으로부터 중력의 힘에 의해 자연시술 각 0°로 모발이 떨어져 있는 상태이다.

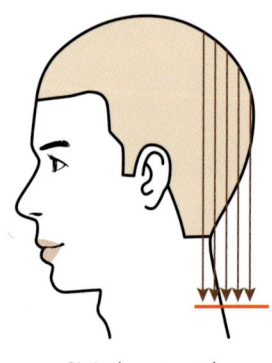

원랭스(one-length)

(4) 일반적으로 자연 시술 각 90°가 인크리스 레이어(increase layer)형을 만드는 데 사용되며 시술 각은 한 부분에 모발을 집중하여 고정 가이드라인(Guideline)이 되는 파팅 에만 적용된다.

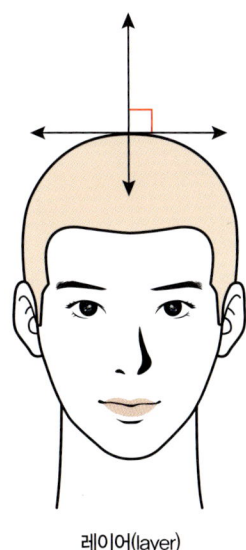

레이어(layer)

(5) 그레주에이션(graduation)에 사용되는 자연 시술 각 1°~ 89° 사이의 그레주에이션(graduation) 형에 적용된다. 낮은 시술 각 약 1°~ 30° 중간 시술 각 약 30°~ 60° 높은 시술 각 약 60°~ 89°가 적용된다.

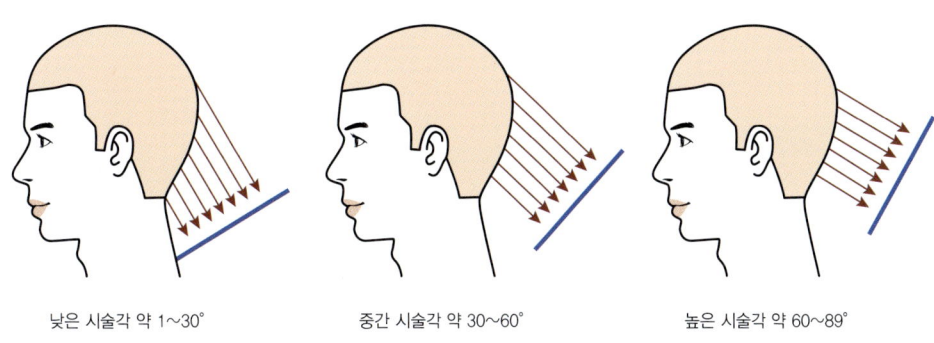

낮은 시술각 약 1~30°   중간 시술각 약 30~60°   높은 시술각 약 60~89°

그레주에이션(graduation)

(6) 유니폼 레이어(uniform layer) 형에 적용되는 시술 각, 두상의 곡면에서 일반시술 각 90°이며 길이가 동일하다.

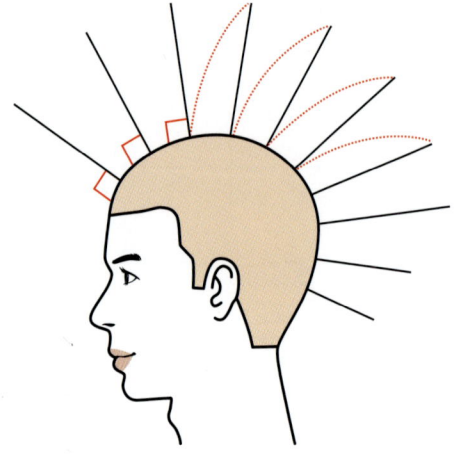

유니폼레이어(uniform layer)

4 디자인 라인(Design line)

커트하는 과정에서 사용되는 머리 모양 패턴이나 길이 가이드를 말하며 고정디자인(stationary design line), 이동 디자인(mobile design line), 다중디자인(multiple design line) 라인의 형태로 분류된다.

(1) 고정 디자인 라인(Stationary design line)

처음에 결정된 가이드를 만든 다음 모든 모발을 처음에 결정한 가이드라인 한 곳으로 모아 커트되는 것이다.

디자인 라인이 이동하지 않으며 가이드라인에서 멀어질수록 길이 증가를 원할 때 사용한다.

솔리드(Solid) 스퀘어 레이어(Square Layer) 커트에 적용된다.

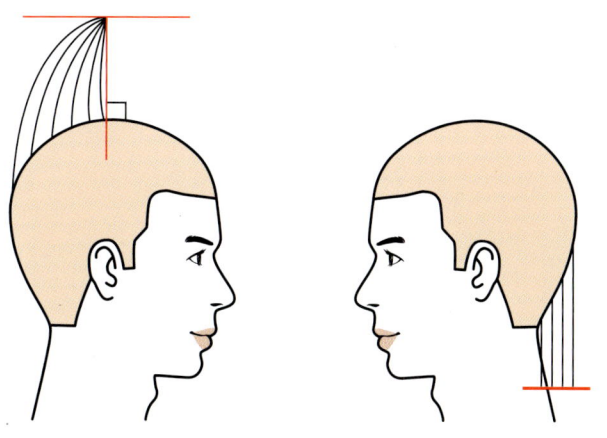

고정 디자인 라인(Stationary design line)

(2) 이동 디자인 라인(Moblie design line)

처음 결정된 가이드의 길이가 움직여 다음 커트할 섹션(section)의 길이 가이드로 사용한다.
섹션(section)마다 커트 되는 가이드라인(guide line)의 위치가 바뀐다.
유니폼 레이어 (yunipom layer) 인크리스 레이어(Increase layer) 그레주에이션(graduation) 커트에 적용
된다.

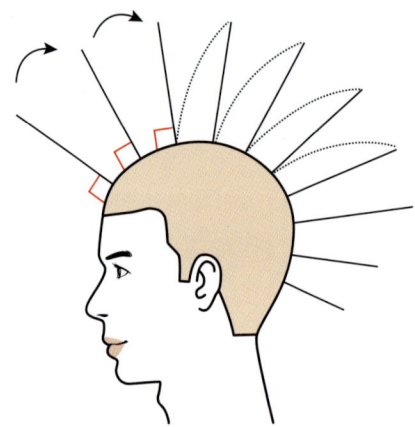

이동 디자인 라인(Moblie design line)

(3) 다중 디자인 라인 (Multiple design line)

스타일의 따라 두발 길이의 증가와 감소를 1차 2차 또는 세분류하여 디자인 라인을 지정하여 커트하는 방법이다.

스퀘어 레이어(square layer)커트에 적용되며 그레주에이션(graduation) 커트에는 고정 디자인 라인(stationary design line)과 이동 디자인 라인(mobile design line)이 함께 적용된다.

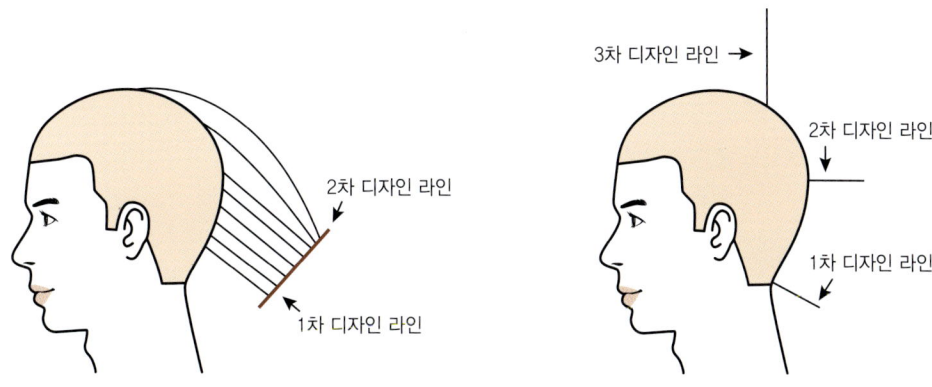

다중 디자인 라인 (Multiple design line)

⑤ 베이스(base)

시술 각으로 커트 된 모발이 위아래 부분의 길이를 조절하고 베이스에 따라 두발의 좌우 길이를 결정하는데 적용하면서 스타일을 완성 시킬 수 있다.

(1) 온 더 베이스(On the base)

베이스 중심 부분에 모발이 두피로부터 일반시술 각 90°로 들어 올려 앞쪽과 뒤쪽의 모발을 가운데로 모아진 접점에서 커트한다.

모발을 같은 길이로 커트할 때 적용되며 베이스 폭이 커질수록 양쪽 가장자리 모발이 길게 커트 되며 길어지는 것을 방지하려면 섹션의 폭을 좁게 한다.

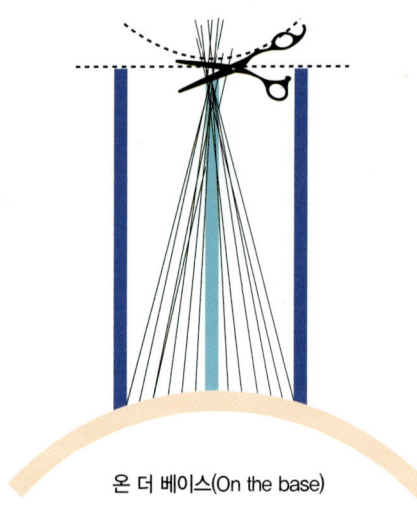

온 더 베이스(On the base)

(2) 프리 베이스(Free Base)

프리 베이스(free base)는 자연스럽게 길어지거나 짧아지며 온 더베이스(on the base)와 사이드 베이스(side base)의 중간쯤의 접점에서 커트한다.

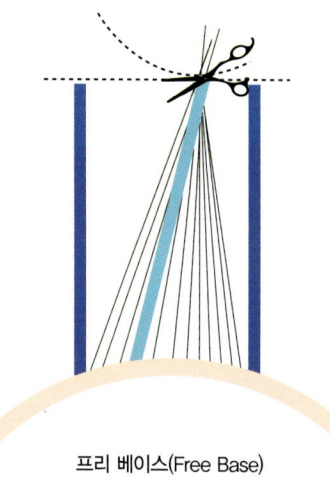

프리 베이스(Free Base)

(3) 사이드 베이스(Side Base)

전 패널 쪽으로 현재 커트할 섹션을 위치하여 커트하는 기법으로 한 섹션의 폭에서 양쪽 끝점 중 어느 한쪽으로 각을 이루어 모발의 길이가 점차적으로 길어지게 하거나 짧아지게 하기 위해 베이스 폭의 가장자리 접점에서 커트한다.

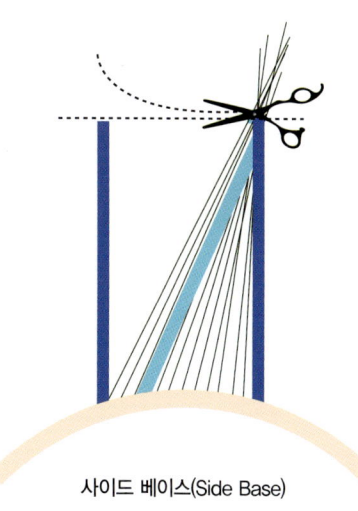

사이드 베이스(Side Base)

(4) 오프 더 베이스(Off the Base)

두발의 섹션을 어느 한쪽으로 정해놓고 모발 길이를 얼마만큼 길게 또는 짧게 커트할 때 각도를 다르게 하여 한쪽의 길이 변화를 원할 때 사용된다.

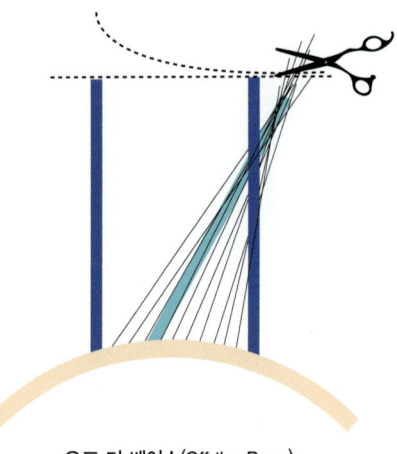

오프 더 베이스(Off the Base)

(5) 트위스트 베이스(Twist Base)

섹션의 높낮이와 좌우가 틀어진 형태로 모발 길이의 장단이 좌우 위아래에 급격한 길이 변화가 필요할 때 사용된다.

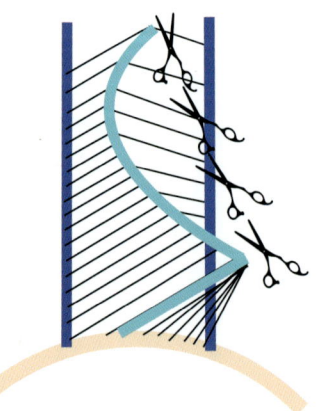

트위스트 베이스(Twist Base)

6 헤어커트 도구 사용법

1) 가위(Scissors)

(1) 가위의 구조 및 명칭

(2) 가위 잡는(개폐) 방법

약지 환에 약지를 넣고 소지 걸이에 소지를 얹은 후 가위 끝이 작업자 쪽으로 사선이 될 수 있도록 위치하여 엄지 환에 엄지 완충 면을 살짝 걸쳐 넣는다.

이때 검지와 소지를 안으로 굽혀 주어 가위를 개폐할 때 가위 끝이 검지의 두 관절보다 밖으로 빠져나가지 않도록 한다.

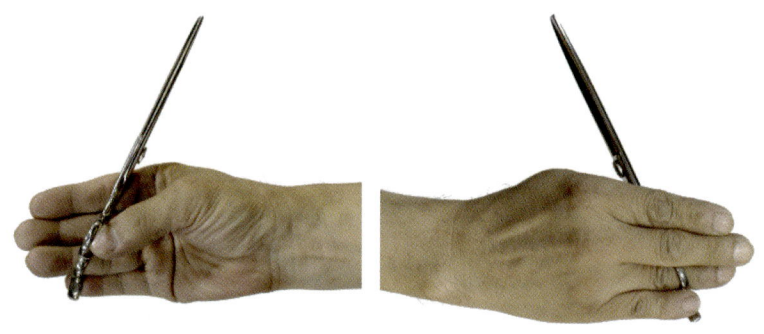

(3) 가위사용 깎기 방법

거칠게 깎기	둥근 스포츠형 커트에서 사용하는 초벌 깎기 방법
지간 깎기	빗질한 모 다발을 왼손 검지와 중지 사이에 끼고 커트하는 방법 (손등을 향해 자르는 아웃 커트와 손바닥을 향해 자르는 인 커트가 있다)
연속 깎기	두피 면에 따라 빗을 전진시키면서 연속적으로 커트하는 방법
밀어 깎기	빗살 끝을 두피 면에 대고 깎아나가는 방법
끌어 깎기	가윗날의 끝은 왼손의 엄지 바닥 면 위에 고정한 후 시술자 앞으로 당겨 주며 연속으로 커트하는 기법
떠올려 깎기	아래서부터 빗으로 모발을 떠내어 빗살 밖으로 나온 모발을 잘라 형태를 만들며 상향으로 커트하는 기법
소밀 깎기	네이프 부분을 소형 빗살 위에 가위를 대고 연속 깎기하는 기법
수정 깎기	스타일 마무리 시에 커트하는 기법

(4) 가위 커트, 테이퍼링 기법

블런트 커트	커트용 가위를 사용하여 직선으로 커트하는 기법(클럽 커트)
스트로크 커트	곡선 날 가위로 테이퍼링하여 불규칙한 흐름을 연출하는 기법
테이퍼링	모발 끝을 감소시켜 붓처럼 가늘어지게 하는 방법
틴닝	틴닝 가위로 모발의 길이는 자르지 않고 숱만 감소시키는 방법
슬리더링	커트용 가위로 모발의 길이는 변화를 주지 않고 모발의 양을 감소시키는 방법
포인팅	가위로 모발의 끝부분을 사선 커트하여 자연미를 연출
클리핑	클리퍼나 가위로 삐져나온 모발을 자르는 방법
싱글링	빗을 대고 가위를 개폐하면서 빗에 끼어있는 모발을 커트하는 방법
트리밍	헤어디자인 형태를 만든 후 추가로 다듬고 정돈하는 방법

① 지간 자르기

헤어커트 시술의 기본 기법으로 빗질 된 모발 다발을 왼손 검지와 중지 사이에 잡고 일정하게 자르는 방법이다.

손 등에서 자르는 아웃 커트와 손 안쪽에서 자르는 인 커트로 분류한다.

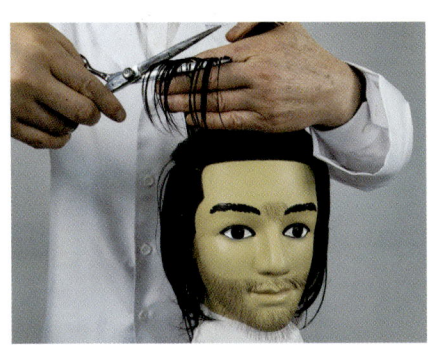

② 돌려 깎기

모발을 방사형으로 두상의 둘레를 이동하면서 커트하는 기법으로 부드러운 곡선 라인을 연출하며 주로 측두부와 두정부 주변에서 많이 사용되는 기법이다.

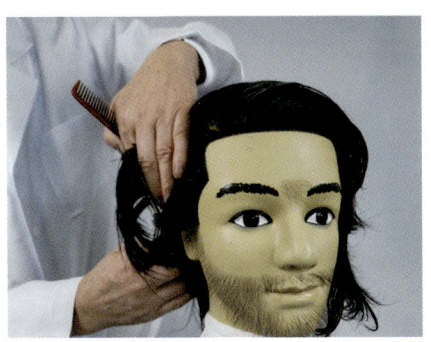

③ 떠올려 깎기

아래서부터 빗으로 모발을 떠내어 빗살 밖으로 나온 긴 모발을 잘라 형태를 만들며 상향으로 커트한다.

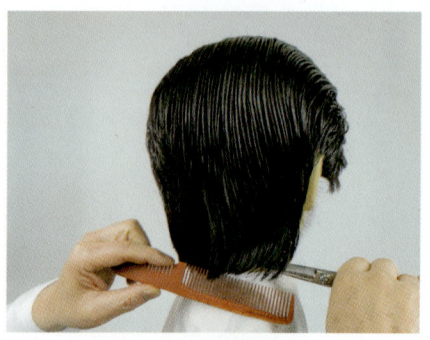

④ 연속 깎기

연속 깎기는 떠내려 깎기나 떠올려 깎기의 적용되는 기법으로 빗 등에 가위의 정 날을 일자로 밀착시켜 커트 된 형태 면에 따라 연속적으로 커트한다.

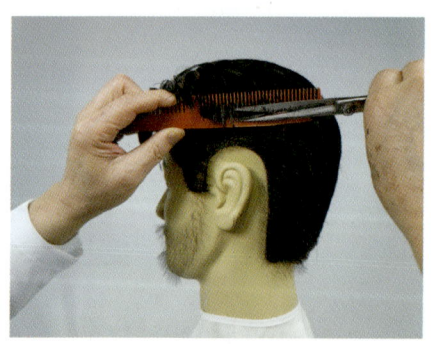

⑤ 밀어 깎기

측도 면의 밀어 깎기는 시계 방향 즉, 오른쪽 측두면에서 왼쪽 측두면을 향하여 모류 방향을 향해 엄지에 정인의 가윗날 끝을 지지하여 개폐 작동은 빠르게 하며 대패로 미는 듯한 느낌으로 섬세하게 깎는다.

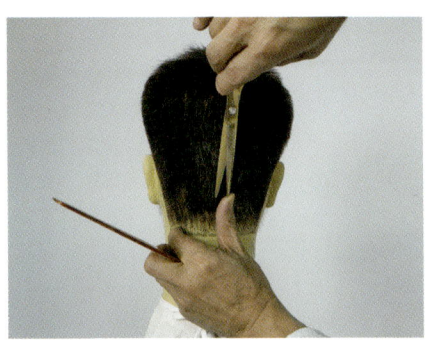

⑥ 소밀 깎기

커트 시술의 마지막 단계에서 음영을 확인하고 고르게 정리하는 기법이다.

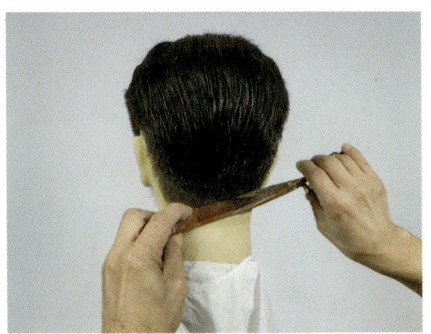

5) 테이퍼 가위 사용법

엔드(End) 테이퍼링	모발 끝에서 1/3 지점을 테이퍼링하는 것
노멀(Normal) 테이퍼링	모발 끝에서 1/2 지점을 테이퍼링하는 것
딥(Deep) 테이퍼링	모발 끝에서 2/3 지점을 테이퍼링하는 것

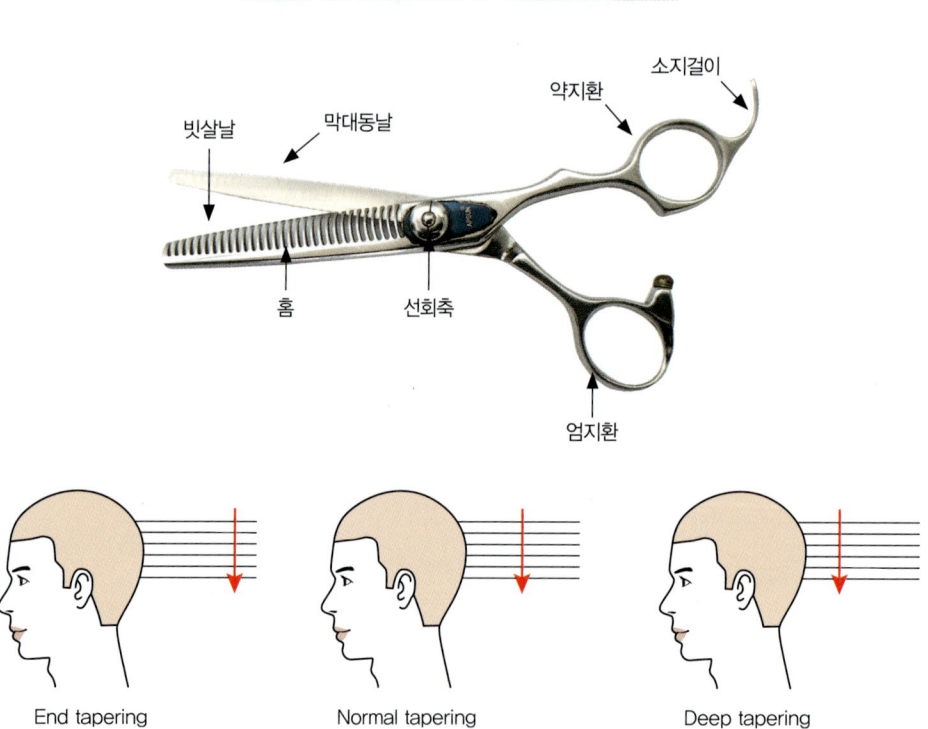

6) 빗(Comb)

(1) 빗의 구조와 명칭

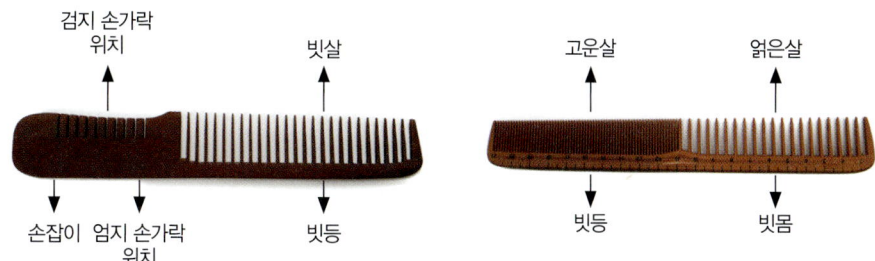

(2) 빗 잡는 방법

(세워 잡기) 빗살이 위쪽을 향하게 한 후 왼손 엄지손가락으로 빗 등에 위치하고 검지손가락은 빗살이 시작되는 지점에, 중지 손가락은 빗 뒤쪽에 접어 빗을 안정감 있게 잡아준다.

연속 깎기, 떠올려 깎기, 거칠게 깎기에서 빗으로 모발을 아래로 빗어 가지런히 정리하고 연속적 깎기 시술이 행해짐으로 빗 잡는 방법을 정확히 익혀야 한다.

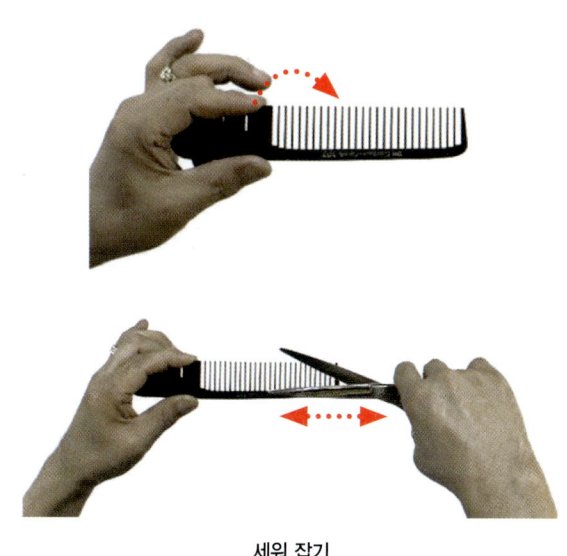

세워 잡기

(모아 잡기)

빗살을 위쪽 방향으로 향하게 하고 빗 손잡이를 사이에 두고 엄지손가락과 집게손가락으로 가볍게 잡고 검지손가락 아래로 장지, 약지, 소지 손가락을 가지런히 모아주어 빗의 흔들림을 방지한다.

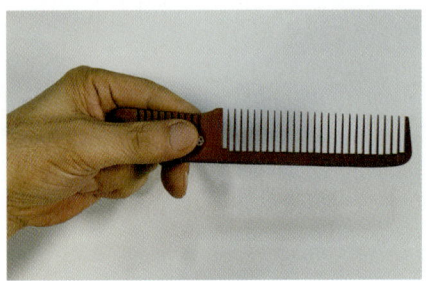

모아 잡기

7) 클리퍼 사용법

클리퍼(clipper)는 전력을 이용하여 사용하는 기계로 바리캉(Bariquand et Marre)이라 불리며 두 날이 교차하면서 상고머리와 스포츠머리 커트 시 옆머리와 뒷머리를 짧게 올려깎기와 섹션(section) 그라데이션(gradation)올려깎기 할때 빠르고 간편하게 사용된다.

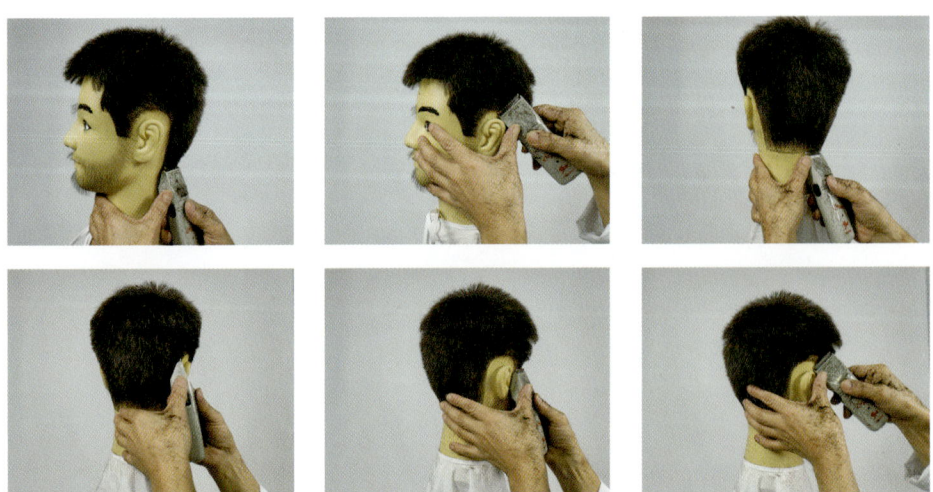

8) 이발의 종류 및 작업

이용사 실기시험은 단발형 이발 (하상고), 단발형 이발(중상고), 짧은 단발형(둥근형) 중에서 시험장에서 출제위원이 지정하는 하나의 과제를 출제한다.

단발형 이발 (하상고)	가위를 사용하여 센터 포인트 C.P 8~9cm 톱 포인트 T.P 6~7cm 골덴 포인트 G.P 7~8cm로 머리카락이 귀 부분을 덮지 않은 단정한 머리형으로 조발한다.
단발형 이발 (중상고)	가위와 전기 클리퍼를 사용하여 센터 포인트 C.P 7~8cm 톱 포인트 T.P 5~6cm 골덴 포인트 G.P 6~7cm 지간 깎기 후 한단부 떠내 깎기 한다. 클리퍼로 네이프라인 3cm 이하 사이드라인 2cm 이하로 올려 깎기 한 후 클리퍼 커트한 부위를 가위만 사용하여 싱글링 그라데이션 커트한다.
짧은 단발형 (둥근형)	빗과 전기 클리퍼를 사용하여 센터 포인트 C.P 3~4cm 톱 포인트 T.P 2~3cm 골덴 포인트 G.P 3~4cm 커트한다. 클리퍼로 네이프라인 4cm 사이드라인 3cm로 올려 깎기 한 후 숱 고르기와 수정 커트하되, 숱 고르기 시 틴닝가위를, 수정 커트 시 클리퍼와 장가위를 사용하여 커트할 수 있다.

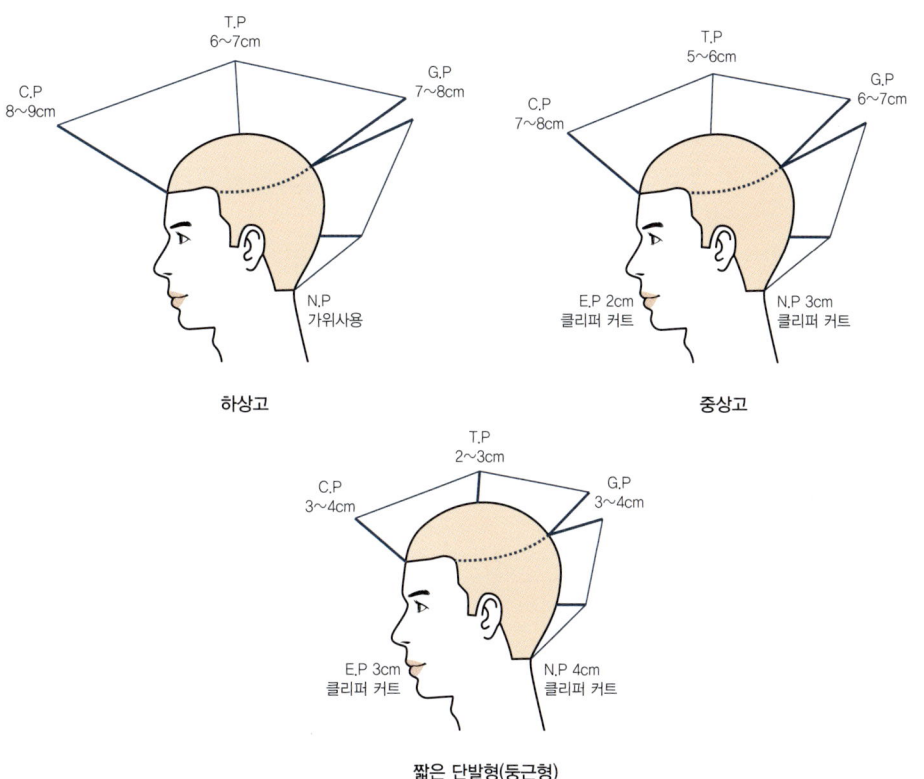

9) 커트 준비물

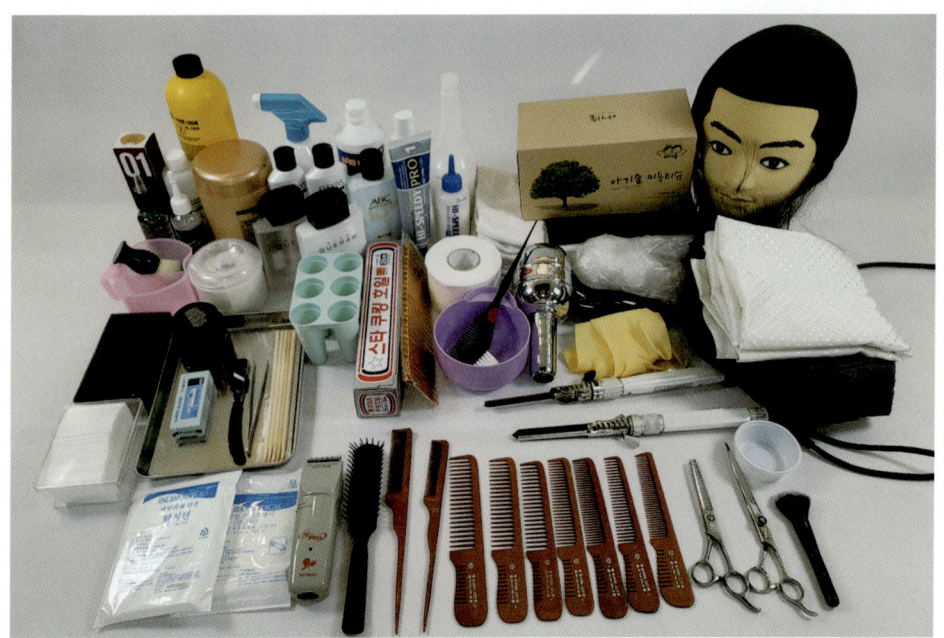

준비물 리스트

위생복, 넥 페이퍼, 타월, 커트 보, 시험용 마네킹, 빗(대, 중, 소), 덴맨브러시. 면도기(날), 가위(장가위, 틴닝가위) 클리퍼, 넥 페이퍼, 분부기, 스킨, 로션, 털이 개, 면도 컵과 브러시, 천가분, 세이빙크림 등

MEMO

단발형 이발
(하상고)

Unit 3

❄ 요구 사항

단발형 이발(하상고)	C.P : 8~9cm　　T.P : 6~7cm　　G.P : 7~8cm　　N.P : 가위 커트
제한시간	30분
작업내용	가위를 사용하여 도면과 같이 머리카락이 귀 부분을 덮지 않은 단정한 머리형으로 조발하시오. (단, 조발순서는 전두부에서부터 후두부 상단, 양측두부, 후두부 순으로 진행하시오.)
작업순서	① 커트 보 치기 → ② 머리 물 분무하기 → ③ 가르마 타기 (빗질하기) → ④ 지간 깎기 → ⑤ 하단부 떠내 깎기 → ⑥ 숱 고르기 → ⑦ 가위와 빗으로 싱글링 커트하기 → ⑧ 천가분 칠하기 → ⑨ 수정 커트, 옆선 및 뒷선 정리하기 → ⑩ 머리카락 털기 및 커트 보 정리하기 → ⑪ 뒷 면도하기 → ⑫ 정리·정돈하기
유의사항	• 두발은 남성적이며, 가지런하고, 현대적 감각의 자연스러움과 전체적인 색조와 균형이 이루어져야 함. (뒷면도 포함) • 숱 고르기는 틴닝가위만 • 가위와 빗으로 커트하기 • 수정 커트 및 옆선 정리하기는 장가위만 사용할 수 있음.

❊ 단발형 이발(하상고) 완성작품

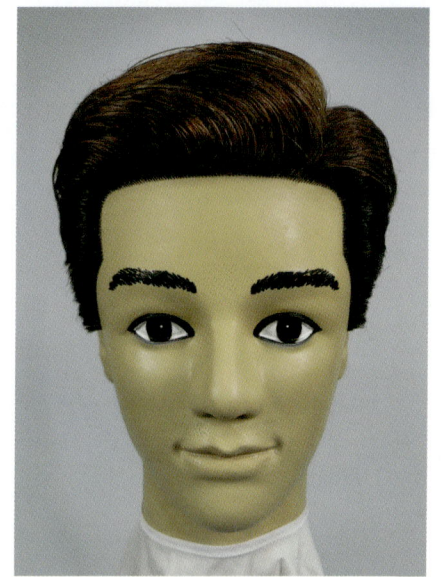

[정면]

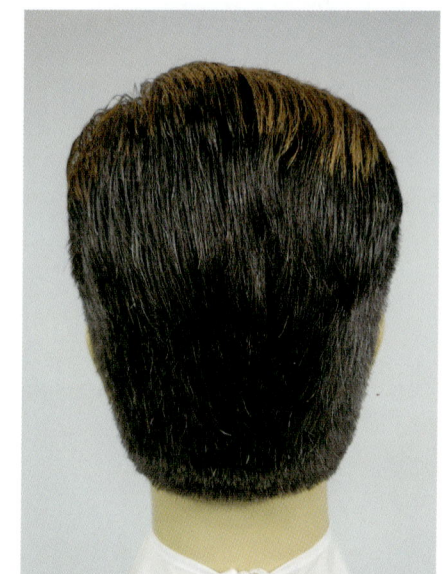

[뒷면]

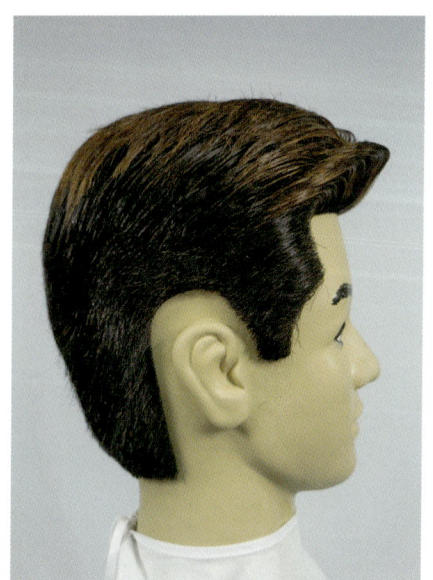

[우측면]

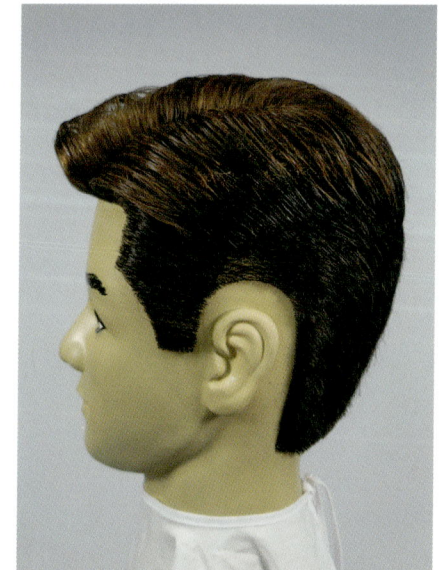

[좌측면]

❋ 단발형 이발(하상고) 도면

자격종목	이용사	과제명	단발형 이발(하상고)	척도	NS

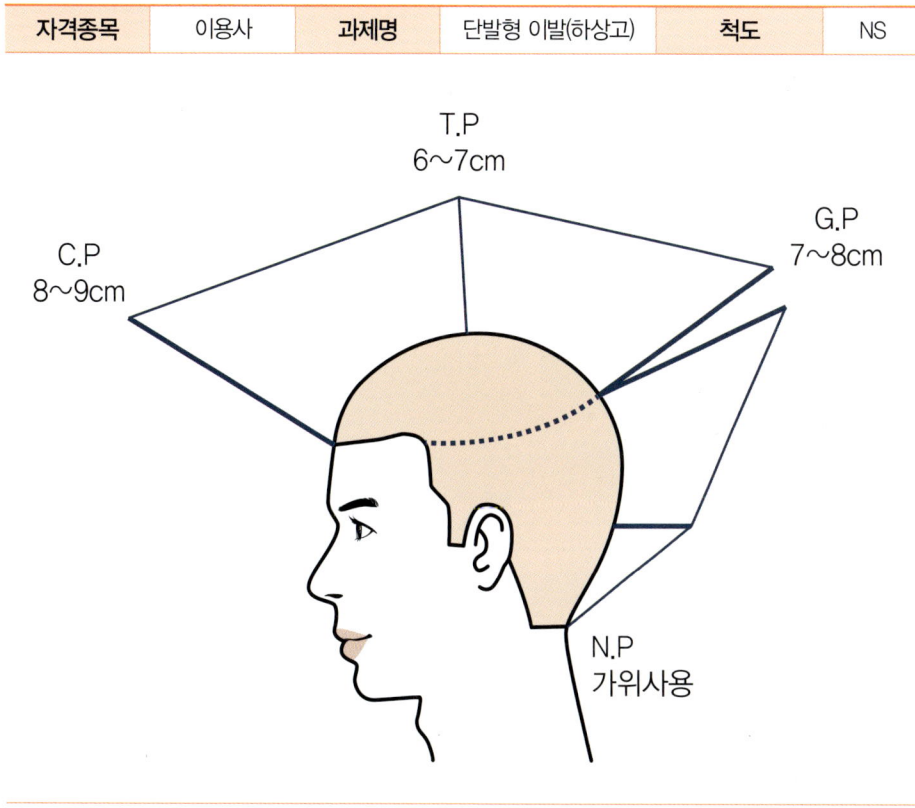

❀ 단발형 이발(하상고) 작업

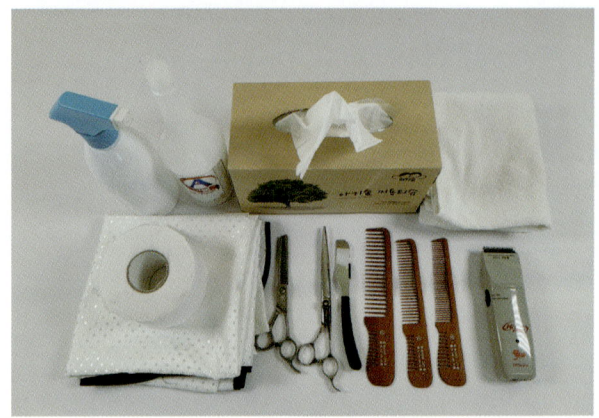

1. 실기시험 전 준비한 단발형 이발(하상고)에 필요한 도구와 제품을 시험장에 설치된 작업대 위에 가지런히 정리한다.

2. 시험용 가발은 출시 상태 유지, 수염은 1cm 이상(2022년 규정 변경)

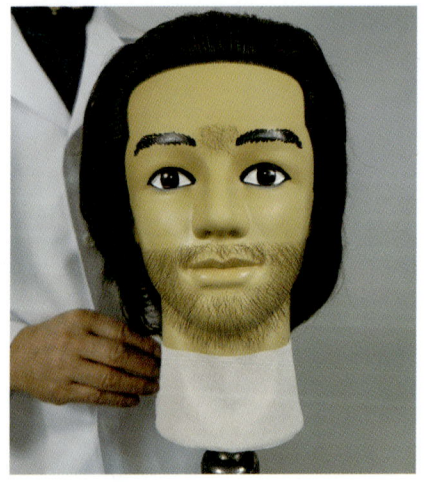

3. 넥 페이퍼를 앞쪽에서 뒤쪽 방향으로 가지런히 감아준다.

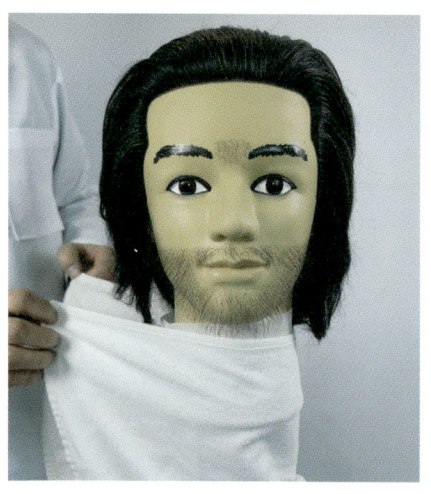

4. 넥 페이퍼 위에 타월을 가지런히 감아준다.

5. 타월 위에 앞쪽에서 뒷 방향으로 커트 보를 감아준다.

6. 얼굴에 물이 튀지 않게 적당량의 수분을 분무하고 가지런히 빗질하여 커트 준비를 한다.

7. 하상고의 길이를 정할 가이드를 설정한다.

8. 정중선을 중심으로 좌·우1cm 정도 약 2cm 블로킹한다.

9. 센터포인트(C.P)길이 8~9cm 설정하여 가이드 라인 커트한다.

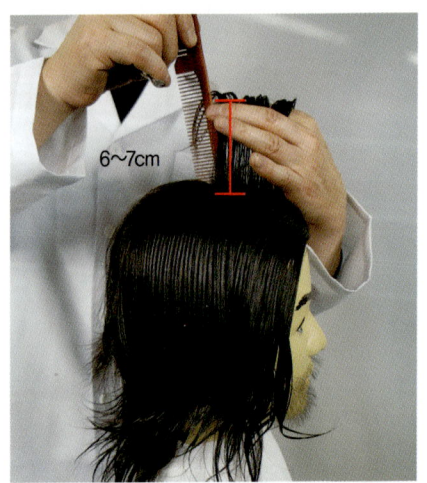

10. 톱 포인트(T.P) 6~7cm 설정하여 가이드라인 커트한다.

11. 골덴 포인트(G.P) 7~8cm 설정하여 가이드 라인 커트한다.

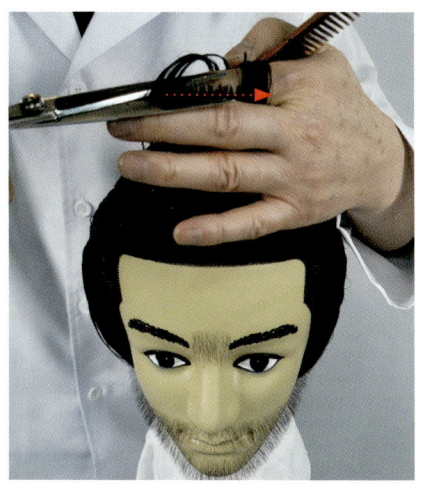

12. 센터 포인트에서 지간 자르기 기법으로 일반시술 각 90° 온 베이스로 8~9cm로 커트한다.

13. 지간 잡기 기법으로 가이드라인에 맞추어 톱 포인트 6~7cm 연결 커트한다.

14. 가이드라인에 맞추어 톱 포인트 일반시술 각 6~7cm 골덴 포인트 7~8cm가 되도록 약 4~5차례 연결 커트한다.

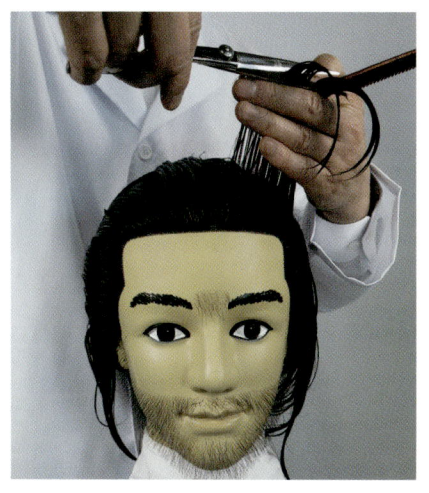

15. 좌측 측두선 부분은 센터 가이드를 기준으로 일반시술 각 90° 커트한다.

16. 골덴 포인트에서는 두발 길이가 7~8㎝가 유지될 수 있도록 앞쪽으로 끌어올려 프리 베이스로 커트한다.

17. 우측 측두선 부분은 센터 가이드를 기준으로 일반시술 각 90° 커트한다.

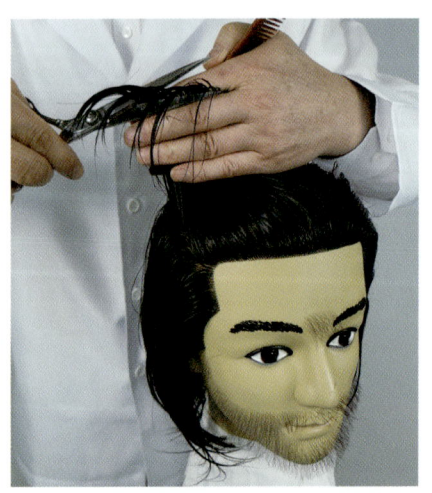

18. 골덴 포인트에서는 두발 길이가 7~8㎝가 유지될 수 있도록 앞쪽으로 끌어올려 프리 베이스로 커트한다.

19. 사이드 커트 시 페이스 사이드 포인트에서 약 1㎝ 가이드 라인으로 설정한다.

20. 우측 두정부 가이드 기준으로 이어 백 방향으로 지간 잡기 커트한다.

21. 측두부 지간 잡기 커트는 측두선 가이드라인으로 백 사이드 방향으로 돌아가며 자연 각도 약 45° 연결 커트한다.

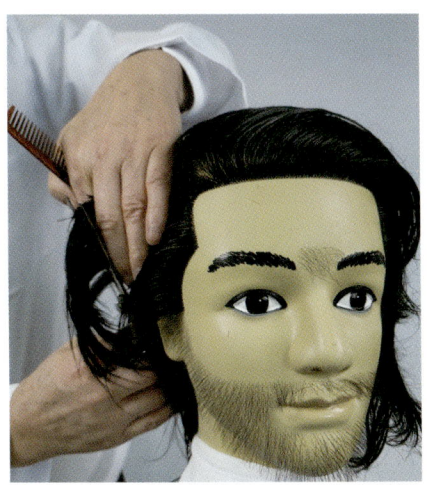

22. 측두선 가이드라인에 맞추어 백 사이드 방향으로 돌아가며 자연시술 각 약 45° 연결 커트한다.

23. 측두선 가이드라인에 맞추어 백 포인트 방향으로 돌아가며 자연시술 각 약 45° 연결 커트한다.

24. 커트를 진행하면서 측두선 가이드라인을 확인한다.

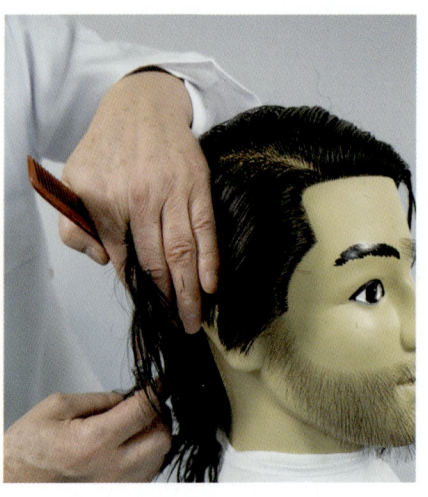

25. 두정부는 골덴 포인트 가이드 기준으로 지간 잡기 변이분배 커트한다.

26. 커트를 진행하면서 골덴 포인트 가이드라인을 확인한다.

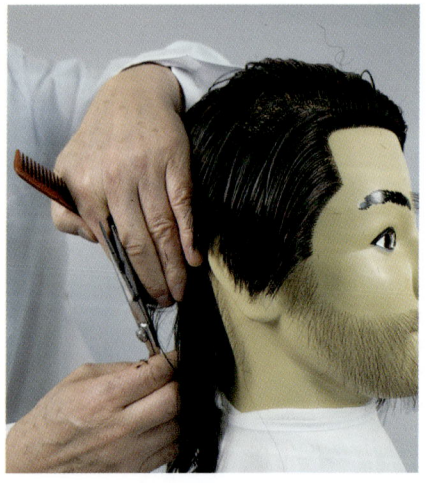

27. 골덴 포인트 가이드라인에 맞추어 자연시술 각 약 45° 연결 커트한다.

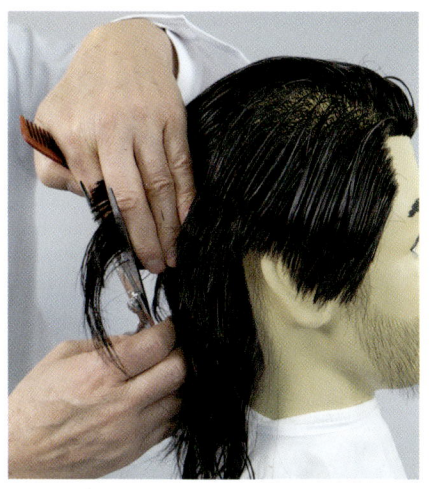

28. 백 포인트에서 골덴 포인트 가이드라인에 맞추어 좌측 백 사이드로 돌아가며 자연시술 각 약 45° 연결 커트한다.

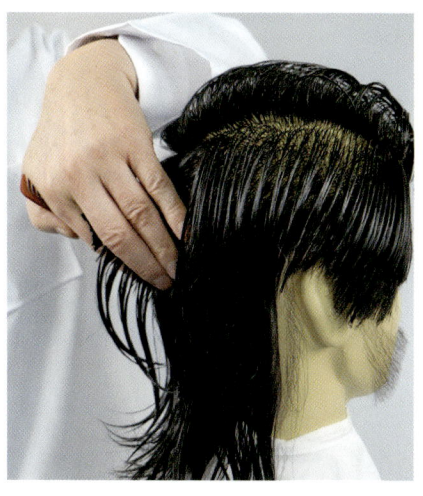

29. 좌측 백사이드는 변이분배 지간 잡기 커트한다.

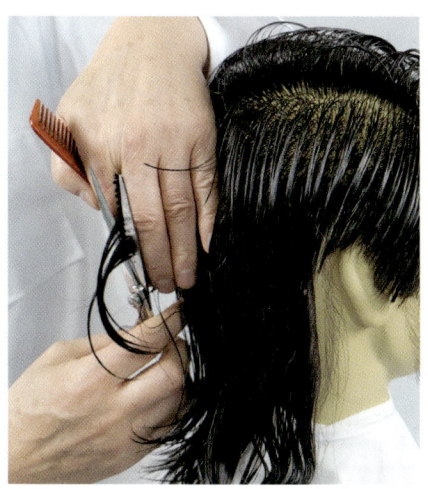

30. 좌측 백 사이드 변이분배 커트 시 스트랜드의 분배 량을 적게한다.

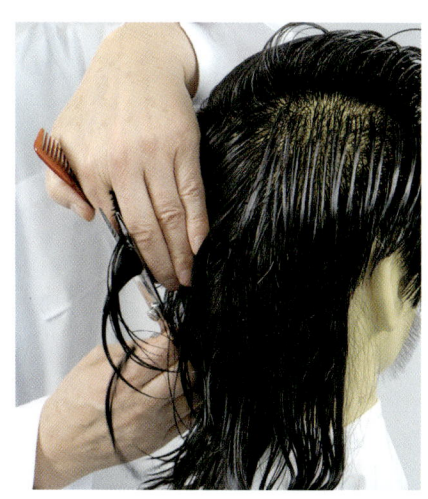

31. 우측 백 사이드와 동일한 방법으로 변이분배 자연시술 각 45° 연결 커트한다.

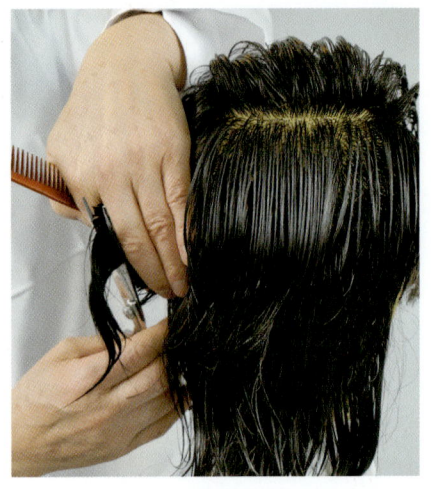

32. 측두선 가이드라인에 맞추어 이어 포인트 방향으로 자연시술 각 45° 연결 커트한다.

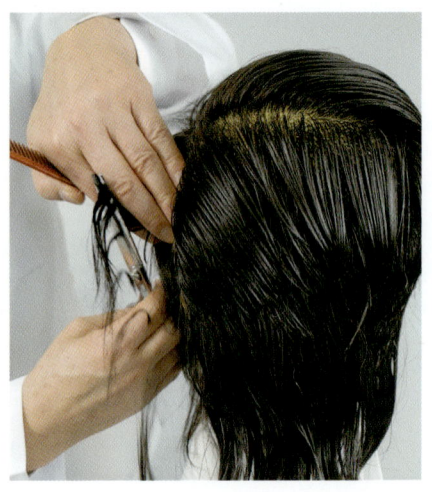

33. 측두선 가이드라인에 맞추어 사이드 코너 포인트 방향으로 돌아가며 자연시술 각 약 45° 연결 커트한다.

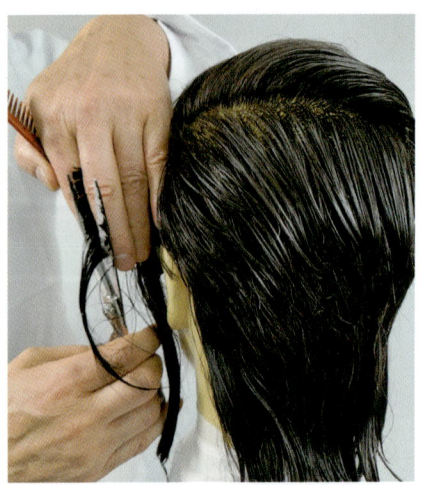

34. 측두선 가이드라인에 맞추어 동일한 방법으로 커트한다.

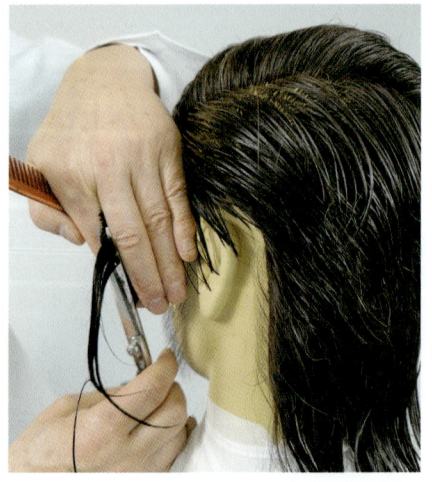

35. 사이드 코너 포인트까지 자연시술 각 약 45° 연결 커트한다.

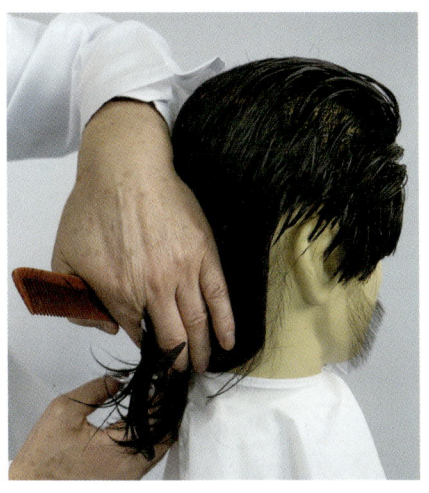

36. 네이프라인 자연시술 각 약 45° 연결 커트 한다.

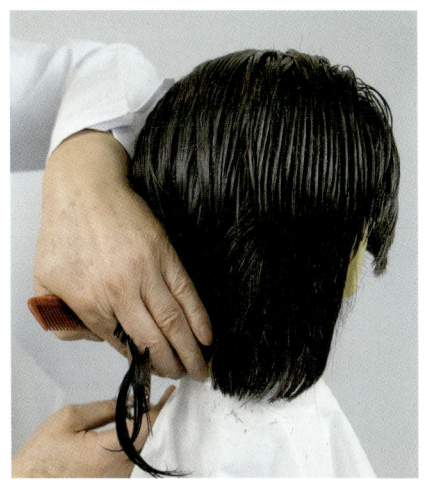

37. 지간 잡기 아웃(out) 커트가 용이하지 않을 경우 지간 잡기 인(in) 커트로 시술한다.

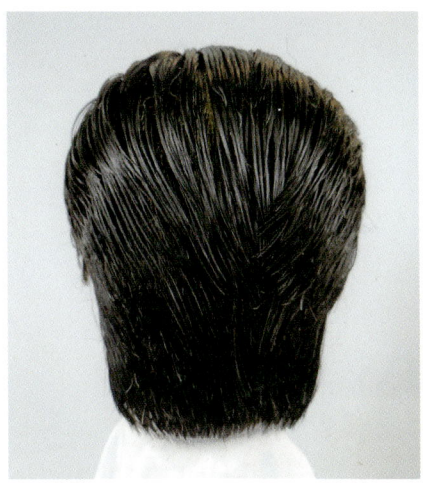

38. 지간 잡기 커트가 완료된 상태

39. 떠내 깎기 시 빗살로 모발을 잡은 상태에서 가위와 빗을 교차하면서 모발을 가지런히 정리한다.

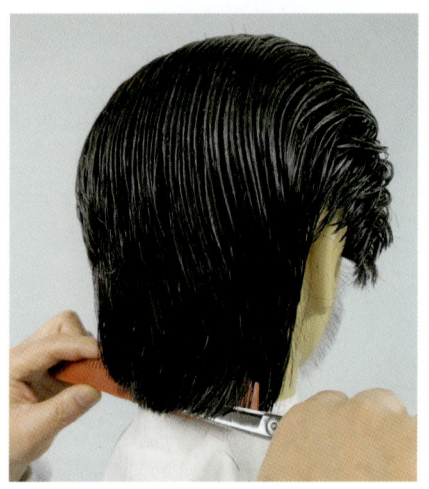

40. 떠내 깎기 시 빗은 일반시술 각 약 45°로 두피에 밀착시켜 커트한다.

41. 빗살 안으로 모발을 안착시킨 후 커트 빗을 일반시술 각 약 45° 회전시켜 커트한다.

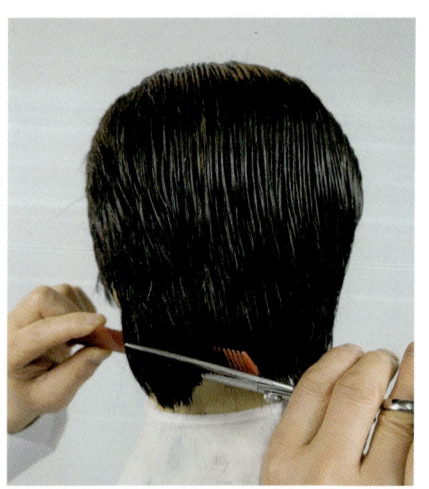

42. 빗살 안으로 모발을 안착 후 가위 정날이 빗 등을 타고 들어가 커트한다.

43. 네이프라인 빗의 각도는 약 45°로 한다.

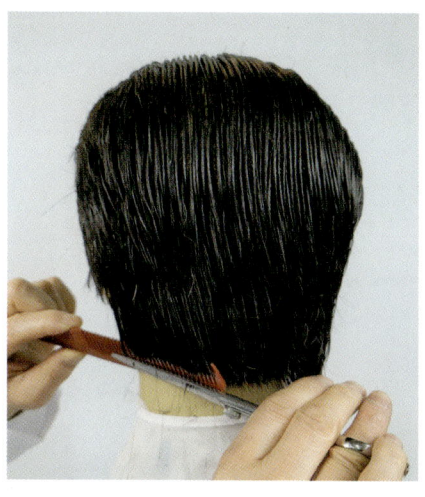

44. 네이프 라인은 소형 빗으로 소밀 깎기 한다.

45. 우측 백사이드 떠내 깎기(떠올려 깎기)는 헤어라인을 따라 커트한다.

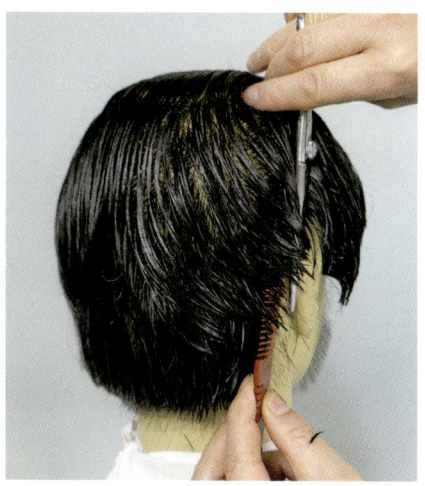

46. 일반시술 각 약 45° 빗살 안으로 안착시킨 후 커트한다.

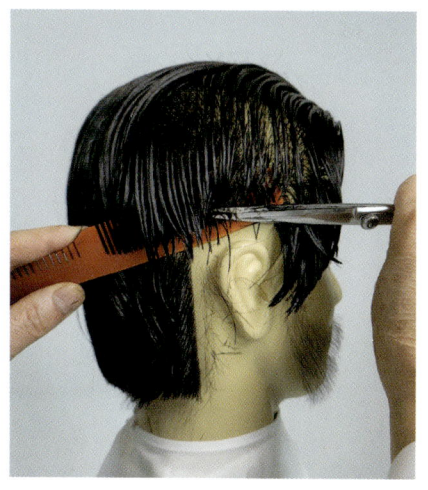

47. 이어 라인 부분은 곡선이므로 커트 되는 간격을 약 2cm 이내로 커트한다.

48. 사이드 커트는 빗 등을 두피에 밀착 후 가위의 정날이 빗 등을 타고 들어가서 커트한다.

49. 사이드 코너에 빗 등을 밀착 후 일반시술 각 45°로 커트한다.

50. 좌측 백사이드 커트 시 빗 등을 두피에 밀착시킨 후 일반시술 각 45°로 커트한다.

51. 좌측 이어 라인 부분은 곡선이므로 커트 되는 간격을 약 2cm 이내로 커트한다.

52. 사이드 커트는 빗 등을 두피에 밀착 후 가위의 정날이 빗 등을 타고 들어가서 사선 커트한다.

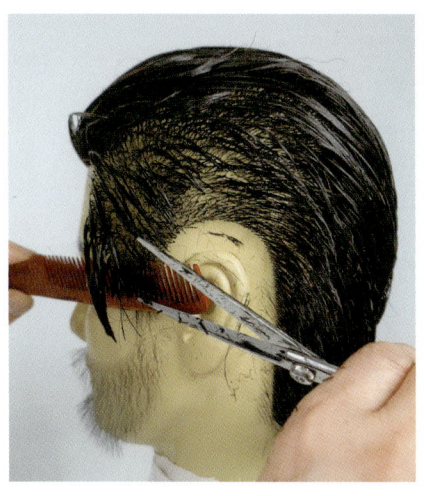

53. 사이드 코너에 빗 등을 밀착시킨 후 일반시술 각 약 45°로 커트한다.

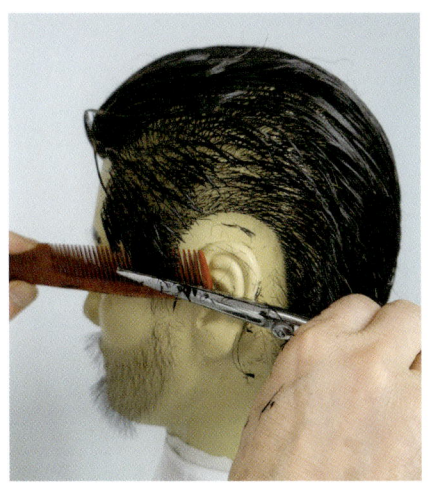

54. 커트된 면이 고르게 될 수 있도록 반복해서 커트한다.

55. 떠내깎기 후 두정부는 틴닝가위로 지간 잡기 기법으로 엔드 테이퍼링(end tapering) (모발 끝에서 1/3지점) 커트한다.

56. 모발 끝에서 1/3지점 커트 후 연속 테이퍼링한다.

57. 두정부 좌측 부분은 엔드 테이퍼링으로 접합부와 연결 커트한다.

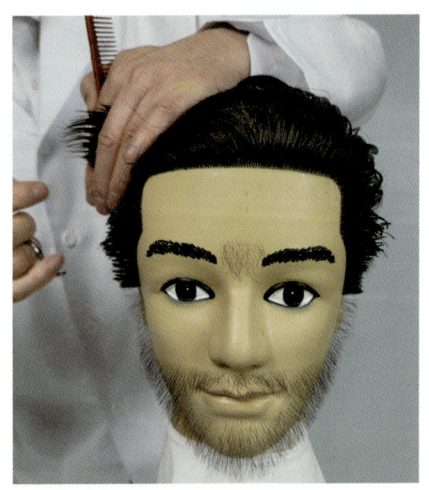

58. 우측사이드 엔드 테이퍼링하여 떠올려 깎기 한 부분과 연결될 수 있게 한다.

59. 백부분 엔드 테이퍼링 하여 떠올려 깎기 한 부분과 그라데이션(gradation) 커트한다.

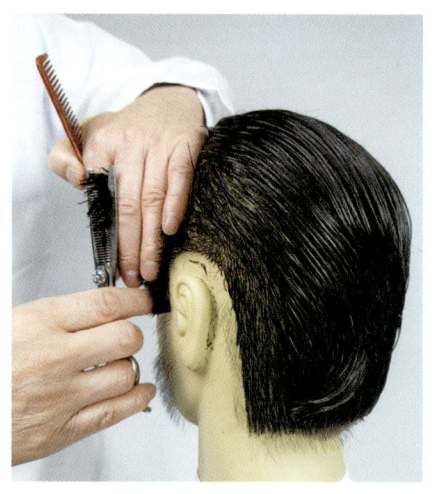

60. 틴닝 지간 잡기 순서 두정부, 우측사이드, 백 부분, 좌측사이드 순으로 접합부와 그라데이션(gradation) 커트한다.

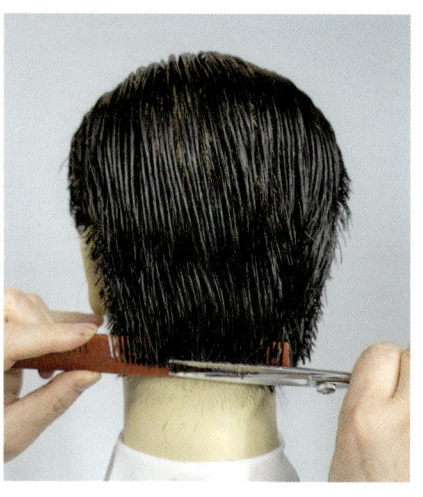

61. 네이프, 틴닝컷트 후 접합부는 싱글링 연속 깎기 기법으로 그라데이션(gradation) 커트한다.

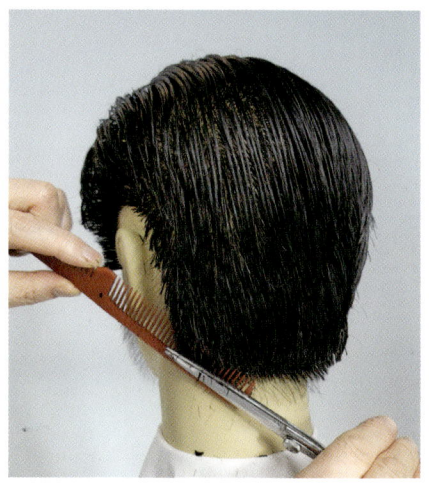

62. 좌측 네이프 사이드는 싱글링커트 기법으로 소밀 깎기한다.

63. 우측 네이프 사이드는 싱글링커트 기법으로 소밀 깎기한다.

64. 우측 백사이드 접합부는 싱글링 연속 깎기 기법으로 빗 방향은 골덴포인트 방향을 향하게 하며 그라데이션(gradation) 커트한다.

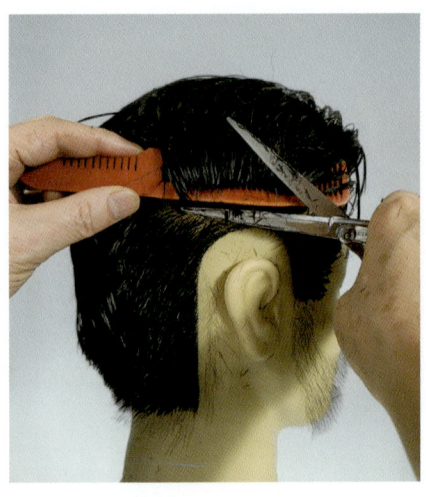

65. 이어(ear) 주변은 2cm 이하로 접합부는 싱글링 기법으로 그라데이션(gradation) 커트한다.

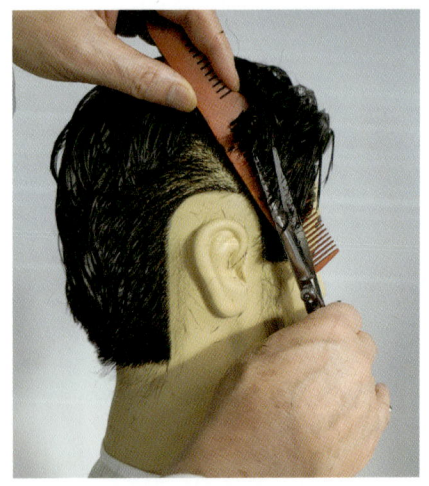

66. 우측 사이드 코너는 사선으로 싱글링 연결 커트한다.

67. 우측 사이드 구레나룻 부근도 싱글링 기법으로 접합부 연결 커트한다.

68. 좌측 네이프 사이드 포인트는 소형 빗으로 싱글링 기법 소밀 깎기로 빗 방향은 대각선 방향으로 그라데이션(gradation) 커트한다.

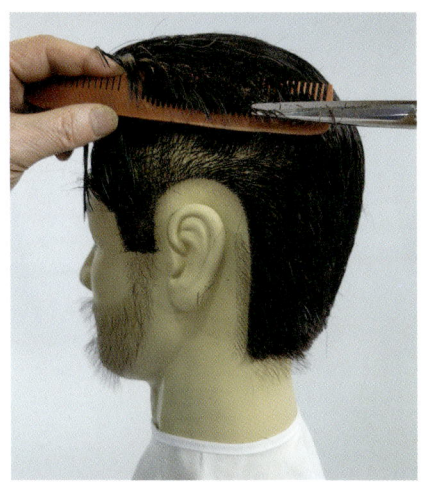

69. 좌측 귀(ear) 주변 접합부는 싱글링 기법으로 연속 깎기 그라데이션(gradation) 커트 한다.

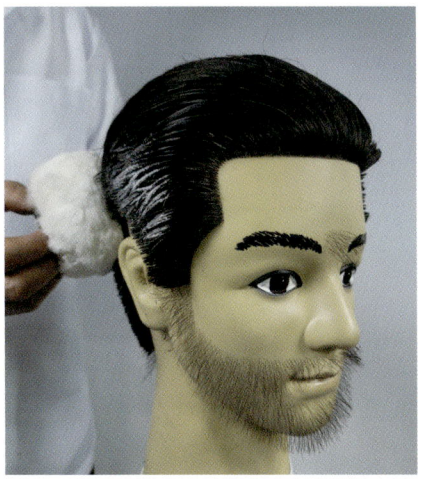

70. 싱글링커트 후 천가분을 접합부에 고르게 도포 한다.

71. 천가분 도포 후 밀어 깎기로 요철부분을 다듬어 준다.

72. 백 사이드는 밀어 깎기 및 싱글링 커트로 요철 부분을 다듬어 준다.

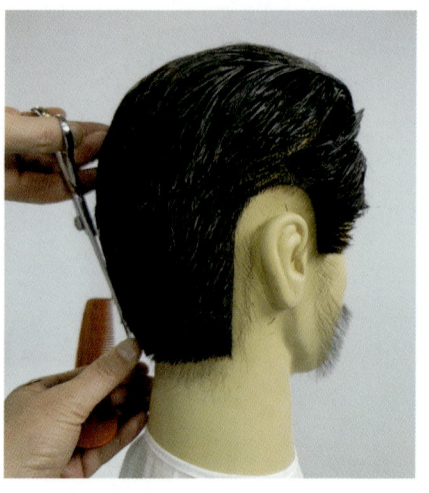

73. 좌측 네이프 부근 소밀 깎기 및 밀어 깎기로 한다.

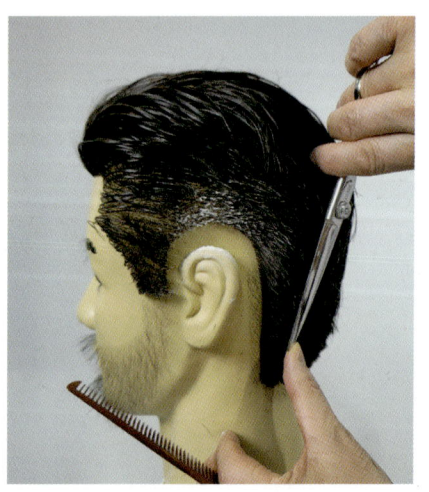

74. 네이프 사이드 부분도 수정 커트한다.

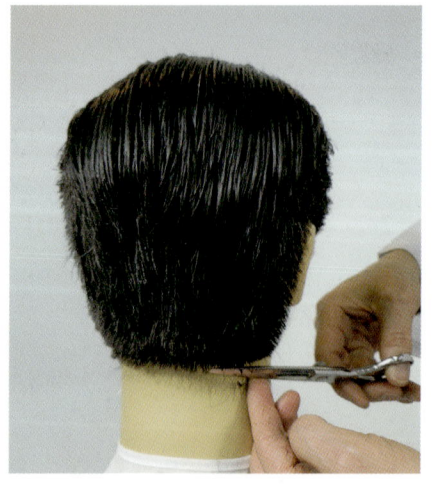

75. 수정 커트 후 네이프 라인을 정리를 한다.

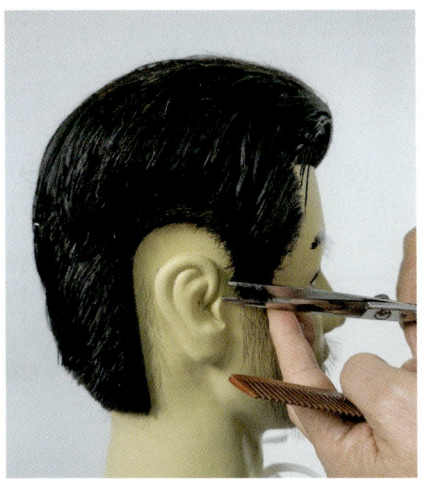

76. 우측 구레나룻 부분도 라인을 정리한다.

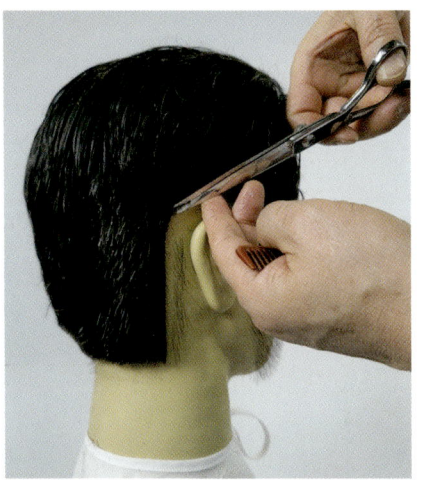

77. 라인 정리 시 장가위가 작동에 안정감이 있도록 왼쪽 손가락은 지지대 역할을 하게 하여 라인을 정리한다.

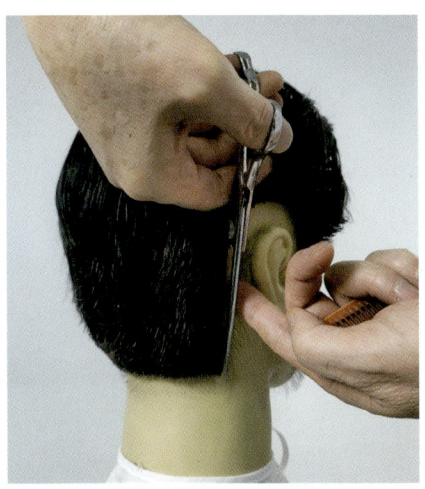

78. 장가위가 작동에 안정감이 있도록 왼쪽 손가락으로 지지대 역할을 하게 하여 라인을 정리한다.

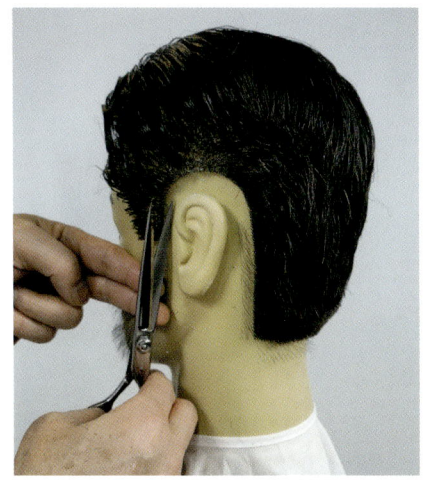

79. 좌측 구레나룻 옆선은 헤어라인을 따라 정리한다.

80. 이어 라인 주변은 약 1cm 미만으로 헤어라인을 정리한다.

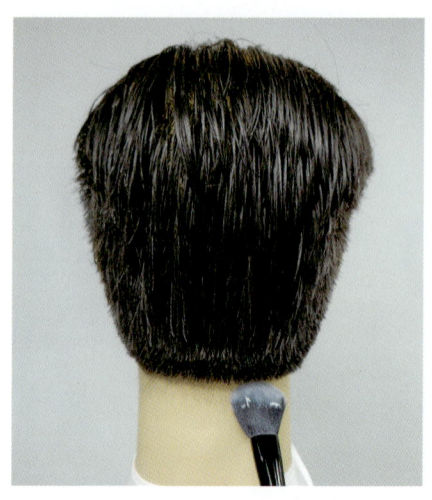

81. 라인 정리 후 쉐이빙 로션을 면도할 네이프 부분에 도포한다.

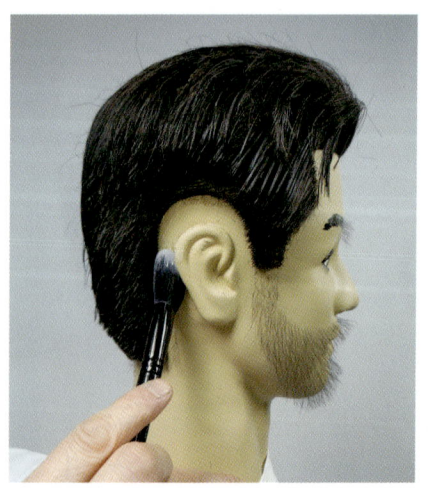

82. 쉐이빙 로션을 면도할 사이드 부분에 도포한다.

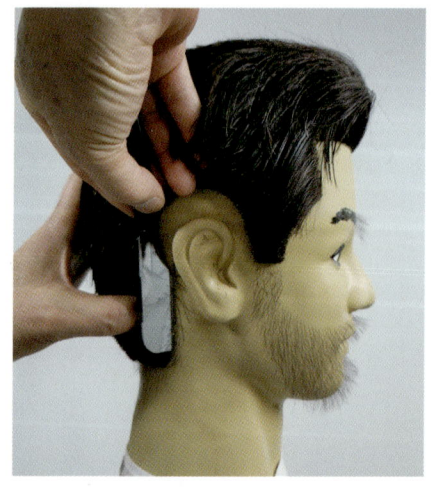

83. 우측 백사이드는 푸시핸드 기법으로 면도한다.

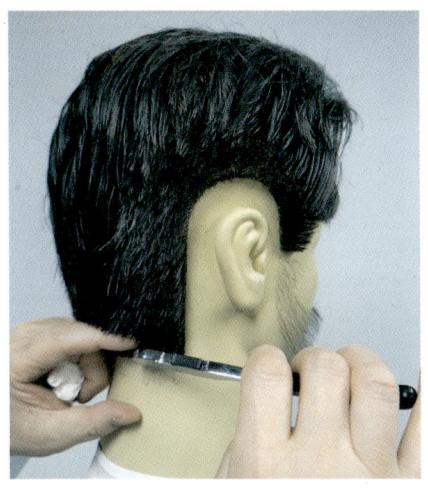

84. 네이프 라인은 프리핸드 기법으로 면도한다.

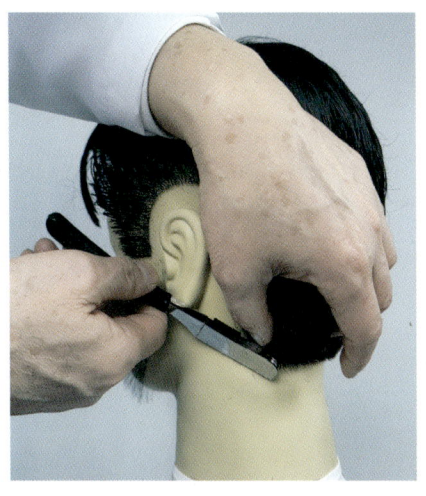

85. 좌측 네이프사이드, 푸시핸드기법, 백핸드 기법으로 면도한다.

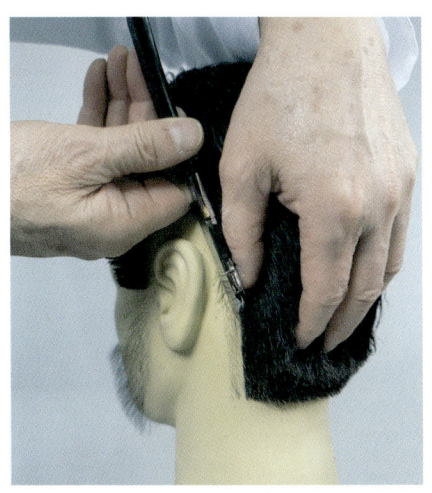

86. 좌측 백 사이드, 백핸드로 면도한다.

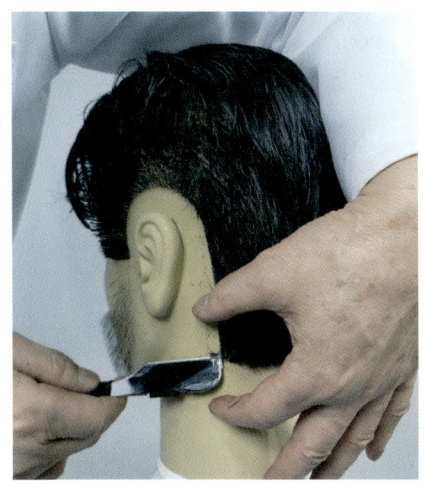

87. 프리핸드 기법으로 마무리한다.

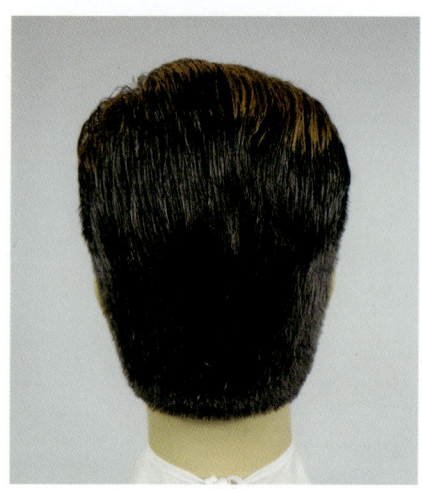

88. 커트 및 뒷 면도가 끝나면 주변을 정리·정돈하고 진행요원의 지시를 기다린다.

MEMO

Unit 4

면도

🌸 요구 사항

면도	마네킹의 얼굴을 면도하시오.
제한시간	15분
작업순서	① 마스크 착용하기 → ② 면도 준비하기(의자 위치, 수건 대기) → ③ 면도거품내고 도포하기 → ④ 온습포대기 → ⑤ 얼굴 면도하기 → ⑥ 얼굴습포 세척하기 → ⑦ 스킨, 로션 바르기 → ⑧ 정리 정돈하기
유의사항	• 마네킹의 피부 표면이 상하지 않도록 수염 방향에 맞게 면도하시오. • 면도 자세, 얼굴 부위에 적합한 면도기 사용 등에 유의하여 작업하시오.

🌸 면도기 잡는 방법

프리핸드 (Free Hand)		기본으로 잡는 방법이며, 면도 자루를 엄지와 검지로 잡고 자루 끝부분을 약지와 소지 사이에 끼우는 방법
펜슬핸드 (Pencil Hand)		면도기를 검지와 중지 사이에 끼어 연필을 잡듯이 칼머리 부분을 밑으로 해서 잡는 방법(연필 면도칼이라고도 한다.)
스틱핸드 (Stick Hand)		면도기 손잡이를 일직선으로 잡고 몸체와 손이 일직선으로 움직이는 방법
푸시핸드 (Push Hand)		면도기 날 부분이 바깥쪽으로 방향을 돌려 면도기 몸체를 밀어주는 방법
백핸드 (Back Hand)		프리핸드 잡기에서 손 안쪽이 앞으로 향하도록 하고 면도기 날 방향이 오른쪽으로 하여 면도기 손잡이를 반 바퀴만 돌려 잡는 방법

❊ 얼굴면도 순서 및 방향

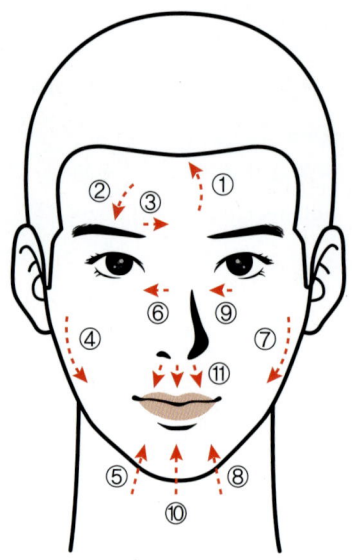

❁ 면도 작업

1. 면도 전 타월 두르기하고 헤어밴드를 착용한다.

2. 면도 거품, 레터링(latherring) 기법으로 우측 볼부터 시작하며 원을 그리듯이 부드럽게 도포한다.

3. 면도 거품 바르는 순서는 우측 볼, 턱 부분, 좌측 볼, 미간까지 거품을 도포한다.

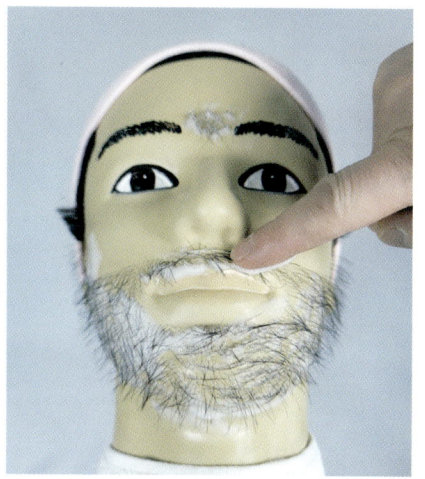

4. 인중 도포 시 손가락으로 고르게 주의하여 도포한다.

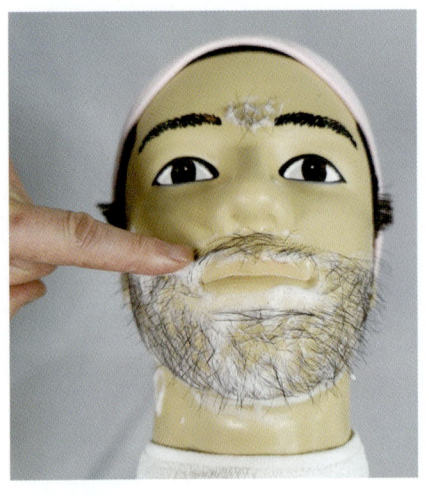

5. 인중 도포 시 코나 입안으로 거품이 들어가지 않도록 도포한다.

6. 온도를 확인한 후 온습포를 덮어준다.

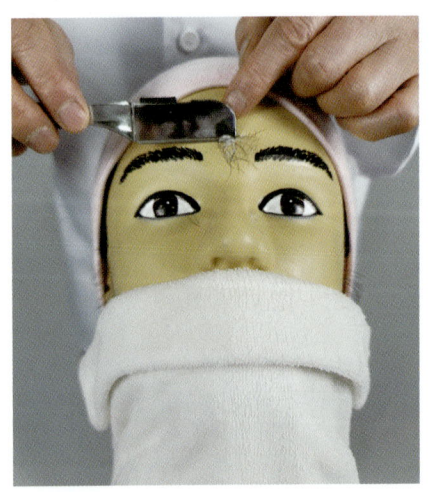

7. 미간 부위는 푸시핸드, 프리핸드 기법으로 시술 각 약 30°~40°로 면도한다.

8. 온습포를 제거하고 면도 거품을 재 도포한다.

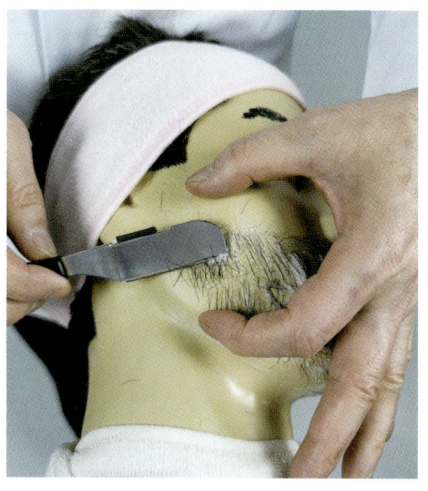

9. 푸시핸드 기법으로 우측면 턱 쪽을 향하여 면도한다.

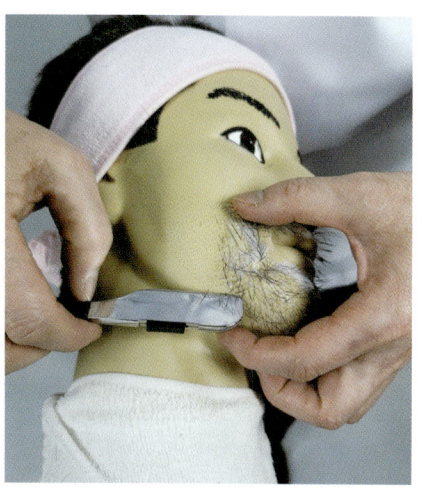

10. 프리핸드 기법으로 시술 각 약 30°~40° 유지하면서 면도한다.

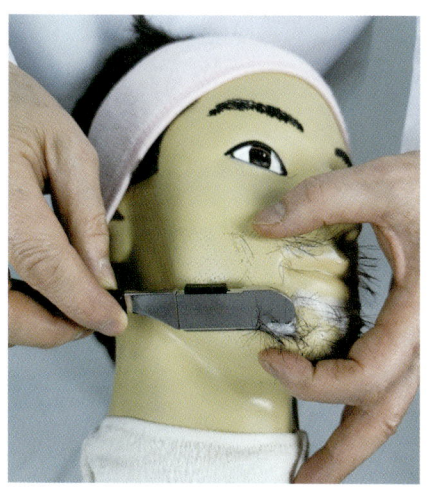

11. 우측 볼 면도 시술 시 입 주변까지 한다.

12. 푸시핸드 기법으로 좌측면 턱 쪽을 향하여 면도한다.

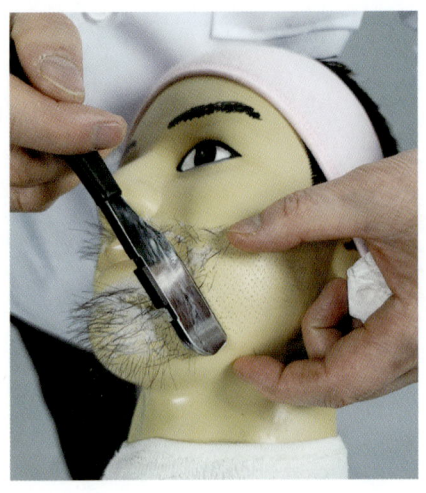

13. 프리핸드 기법으로 피부 곡면을 따라 면도한다.

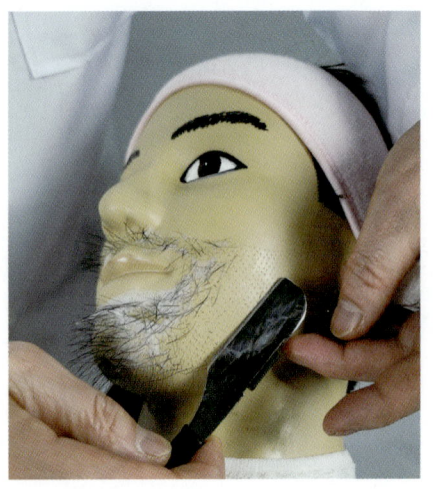

14. 좌측 볼 시술 시 수염 난 방향으로 면도한다.

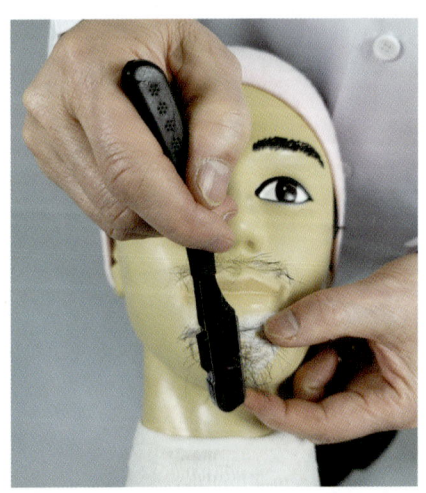

15. 하악골 턱 부분은 펜슬핸드 기법으로 면도한다.

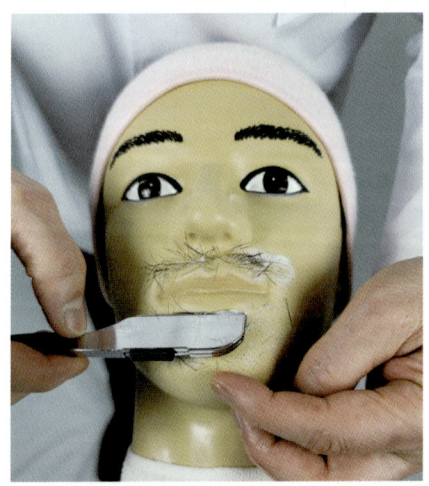

16. 아래 입술 시술 시 프리핸드 기법으로 위로 끌어올리듯 면도한다.

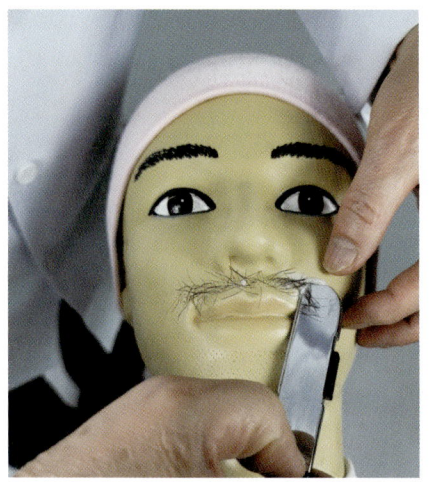

17. 좌측 인중 주변을 엄지와 중지로 펴주며 면도한다.

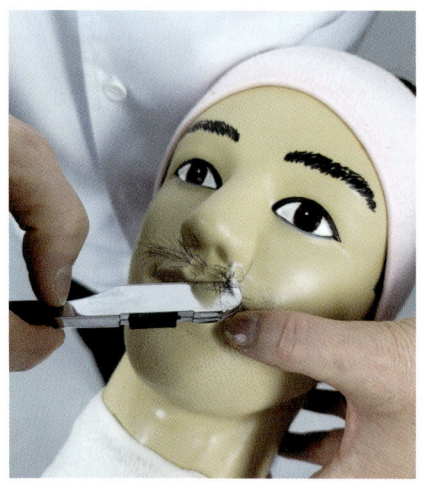

18. 콧수염 부분은 면도기 운행을 최소로 운행하며 시술한다.

19. 프리핸드 기법으로 면도기 끝부분을 사용하여 면도한다.

20. 인중 부분은 프리핸드로 공간을 확보한 후 면도날 끝부분으로 면도한다.

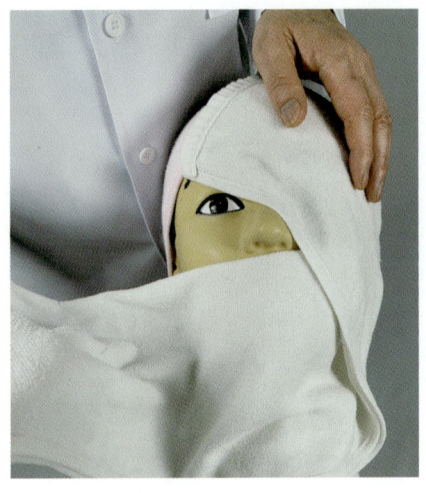

21. 온습포를 얼굴에 감싸주어 피부의 긴장감을 풀어 주고 피부의 이물질을 타월로 제거한다.

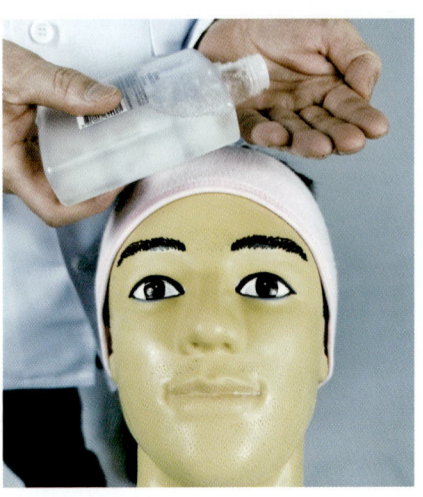

22. 셰이빙 스킨(shaving skin)을 적당량 손바닥에 덜어준다.

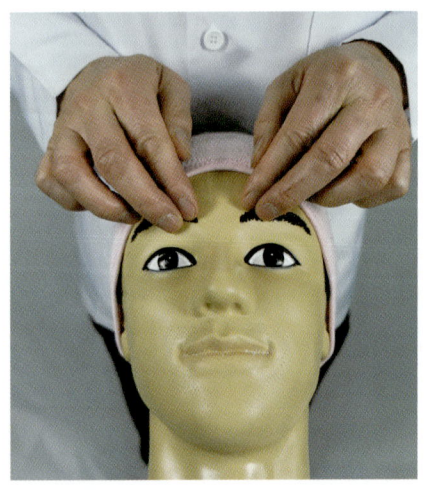

23. 셰이빙 스킨(shaving skin)을 피부 소독이 되도록 얼굴에 고르게 도포한다.

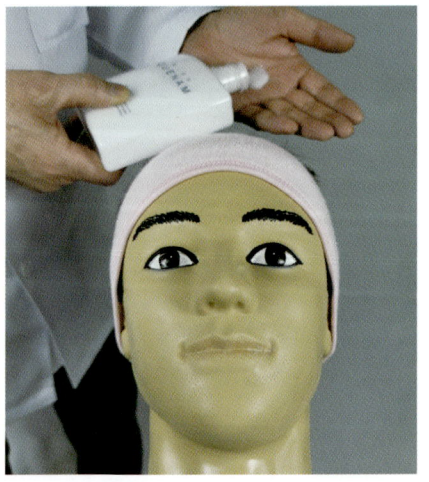

24. 셰이빙 로션(shaving lotion)을 적당량 손바닥에 덜어준다.

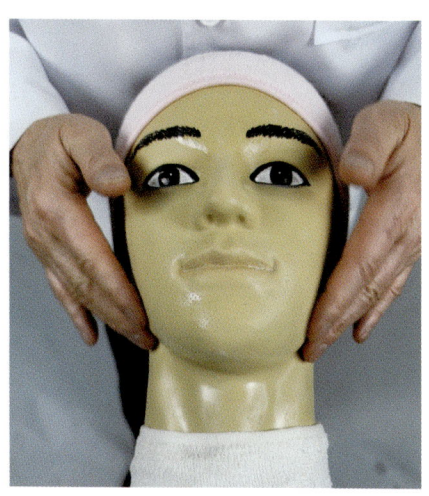 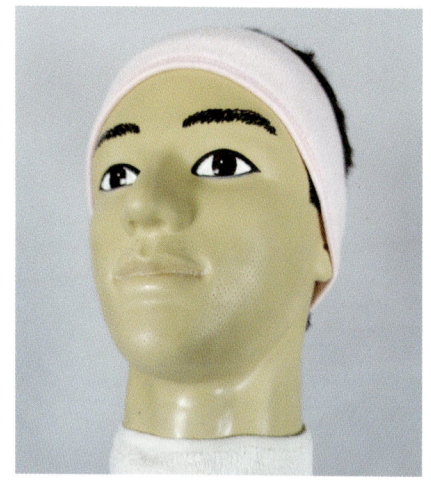

25. 셰이빙 로션(shaving lotion)을 피부 긴장이 풀릴 수 있도록 가볍게 마사지하듯 도포한다.

26. 얼굴 면도가 끝나면 주변을 정리·정돈하고 진행요원의 지시를 기다린다.

Unit 5

탈색

🌸 요구 사항

제한시간	35분
작업내용	마네킹의 천정부(인테리어) 부위에 최종 7레벨 정도가 되도록 탈색 작업(좌우 각각 가로섹션 3개, 세로섹션 3개, 총 12개의 호일을 이용한 작업)을 하시오.
작업순서	① 탈색 준비하기 → ② 두정부 호일 작업하기 → ③ 전두부 호일 작업하기 → ④ 방치하기 → ⑤ 탈색제 씻어내기 → ⑥ 드라이하기
유의사항	• 가로섹션은 전두부, 세로 섹션은 두정부 부위에 작업하시오(측면 기준). • 준비작업 시 앞장, 탈색제 조제, 헤어라인 크림도포 등 탈색에 필요한 작업을 하시오. (※ 호일링 시 핀셋의 개수와 사용 유무 제한은 없음)

🌸 시술 순서

1. 두정부

정중선 좌측 : 섹션 3개, 정중선 우측 : 섹션 3개(총 6개)

2. 전두부

정중선 좌측 : 섹션 3개, 정중선 우측 : 섹션 3개(총 6개)

3. 염, 탈색 브러시 각도

딥 - 45°

노멀 - 30°

엔드 - 15°

4. 염, 탈색 시술 주의사항

염, 탈색제 시술 과정에서 도구 및 재료를 바닥에 흘리지 않도록 주의한다.

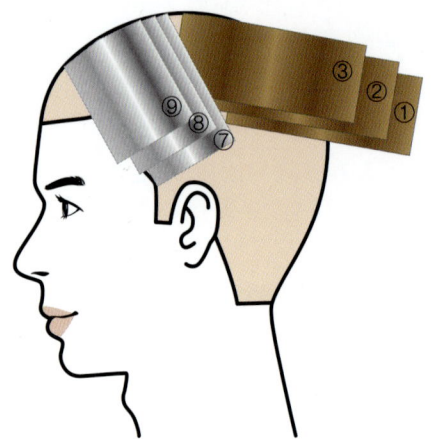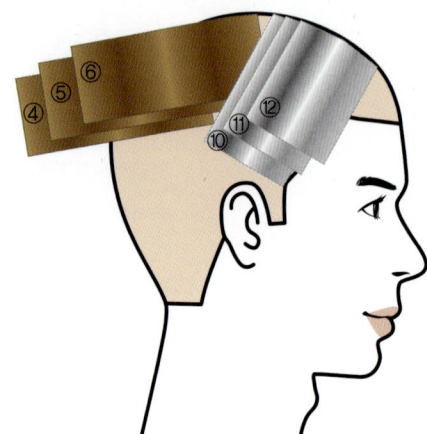

🌸 탈색 작업

1. 탈색 시술 전 피부 보호제를 헤어라인에 도포한다.

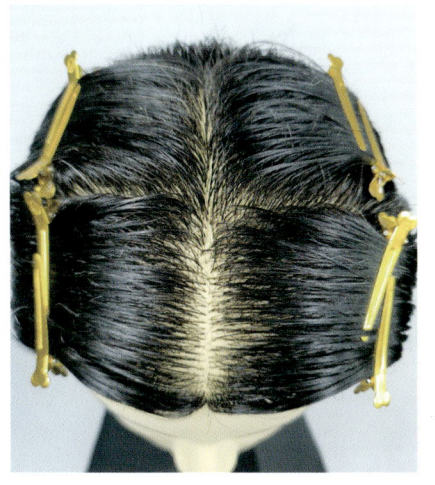

2. 톱 포인트를 중심으로 좌우에 가로 약 7㎝ × 세로 약 6㎝ 직사각형으로 블로킹하여 핀셋으로 고정한다.

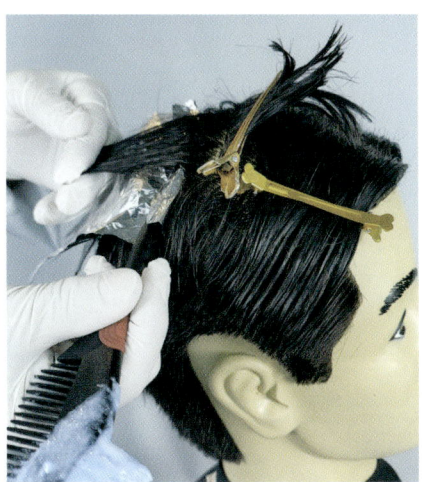

3. 두정부 우측에서 호일 끝을 약 1㎝ 정도 접은 다음 브러시 꼬리를 사용하여 약 2㎝ 슬라이스한 스트랜드 밑에 넣어준다.

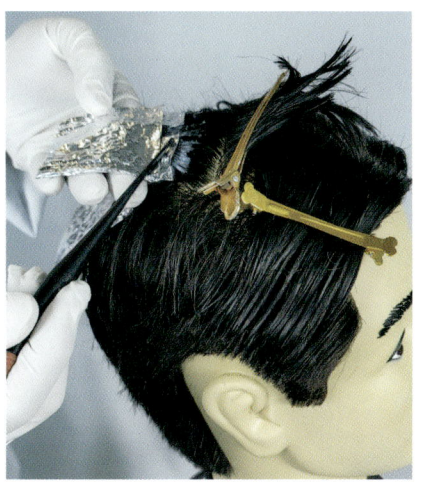

4. 호일 양쪽 가장자리를 약 1㎝를 염색 브러시 꼬리를 사용하여 눌러 접어준 후 전체 길이의 중간 부분을 눌러 접어준다.

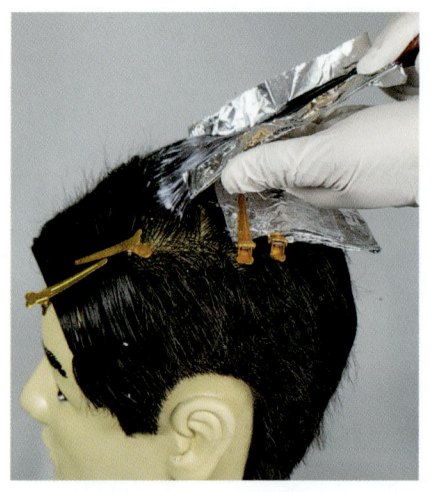

5. 두정부 좌, 우측 호일워크 작업을 각 3개씩 시술한다.

6. 전두부는 모근에서 약 1cm를 띄워 탈색제 도포한 후 호일워크 한다.

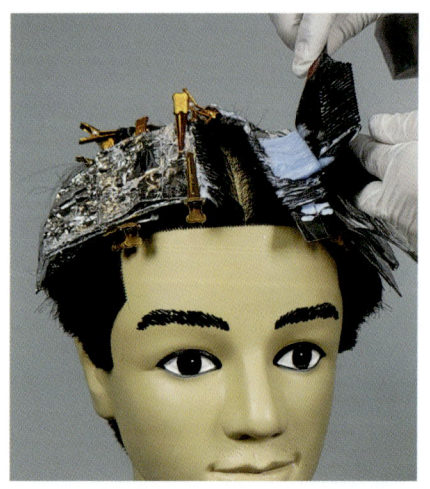

7. 슬라이스 간격은 약 2cm로 하며 브러시의 각도는 호일 면을 기준으로 딥 45° 노멀 30° 엔드 15°로 탈색제를 도포한다.

8. 탈색제 도포 후 호일이 이탈되지 않도록 핀 컬 핀으로 고정한다.

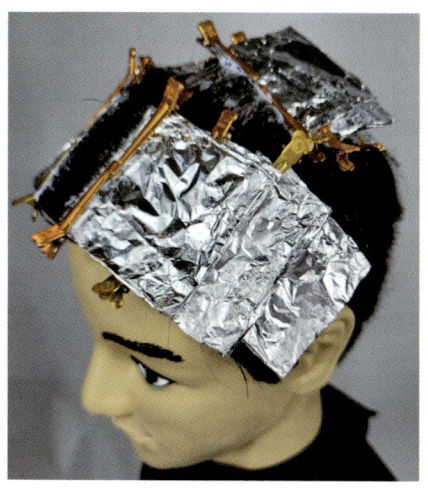

9. 부위별 각 3개씩 총 12개의 호일워크 작업을 한다.

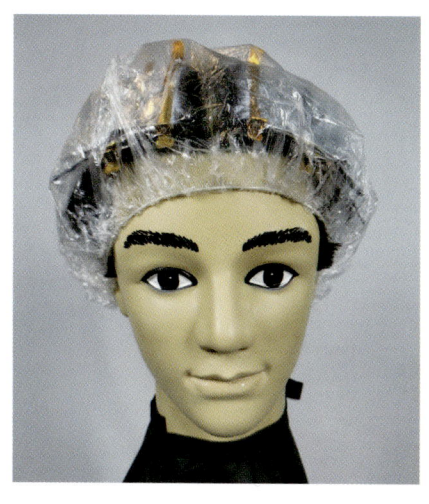

10. 산일 방지와 온도를 높여주기 위해 비닐캡을 씌운다.

11. 프로세싱(processing) 타임을 줄이기 위해 히팅캡을 씌우고 약 5~7분 정도 방치한다. 방치 시간 동안 주변을 정리·정돈 한다.

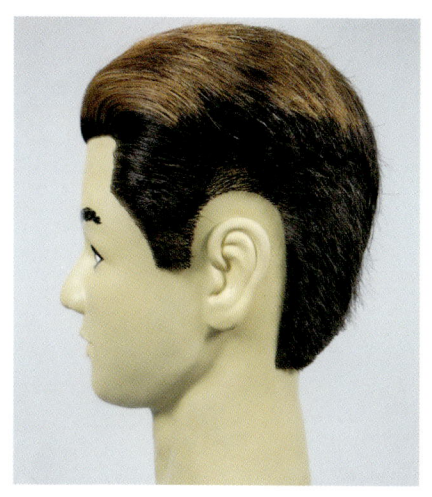

12. 최종 7레벨 확인 후 샴푸와 타월 드라이한다. 모발 정리 후 진행요원의 지시를 기다린다.

샴푸 및 트리트먼트

Unit 6

❈ 요구 사항

샴푸, 트리트먼트	좌식 샴푸와 스캘프 매니플레이션
제한시간	10분
작업내용	마네킹의 두발을 좌식 샴푸 및 정확한 동작으로 스캘프 매니플레이션하시오.
작업순서	① 세발앞장치기 → ② 샴푸 및 트리트먼트하기 → ③ 스캘프 매니플레이션하기 → ④ 모발 세척하기 → ⑤ 얼굴 및 머리부위 물기 제거하기 → ⑥ 타월 드라이하기 → ⑦ 정리정돈하기
유의사항	스캘프 매니플레이션 순서는 두정부, 전두부, 측부두, 후두부 순이며, 모발 세척 시 마네킹의 두피에 샴푸제가 남아있지 않도록 하시오. 스캘프 매니플레이션 시 두피 관리를 위한 다양한 손동작을 사용하시오.

❊ 경혈점 위치

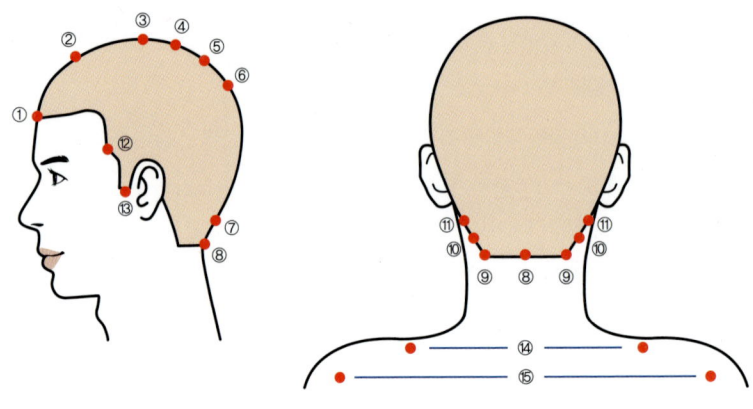

번호	경혈점	위치	효능
1	신정	발제선 정중선상 위치	전두통, 불면증, 코피, 축농증
2	상성	신정에서 1치 위에 위치	고혈압, 두통, 현기증
3	전정	앞 머리카락 경계로부터 3.5치 뒤에 위치	습관성 두통, 현운(眩暈), 결막염, 비염
4	백회	양쪽 귀 끝을 이은 선의 정중앙에 위치	혈행 촉진, 불면증
5	후정	정중선 상에서 앞 머리카락 경계로부터 6.5치 위치	두통, 현운(眩暈),, 전간(癲癇), 정신병, 불면증
6	강간	뒷머리의 정중선에서 머리털 경계로부터 위로 4치 올라간 위치	현기증, 구토, 불면증
7	풍부	뒷 정중선에서 뒷 머리카락 경계로부터 1치 위에 위치	후두통(後頭痛), 감기, 현기증
8	이문	후두골 바로 아래, 목뼈가 끝나는 부분	이명, 치통, 목과 턱의 동통
9	천추	후두골 아래, 목뼈의 좌우 양쪽 근육 위의 점	어깨 경직, 혈액 순환 장애, 기억력 증진
10	풍지	후두골 아래, 목뼈의 좌우 양쪽 근육을 바깥 움푹 파인 곳	눈의 피로, 어깨 경직, 원형 탈모 효능
11	완골	후두골 아래, 귀밑 부분	두통, 안면 신경 마비, 신경 쇠약
12	현로	눈꼬리보다 조금 아래의 오목하게 들어간 부분	눈의 피로, 두통
13	청궁	청궁 입을 벌릴 때 움푹 들어가는 부분	청신경염, 중이염, 외청도염, 치통
14	견정	목과 어깨의 경계선에 위치한다.	목과 어깨의 피로감
15	견료	쇄골 밑 어깨와 팔의 연결점	팔 통증, 견갑종통

좌식 샴푸 매니플레이션 기법

문지르기 기법

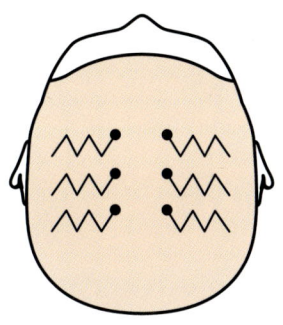

정중선부터 양손 지문을 사용하여 부위별로 마사지한다.

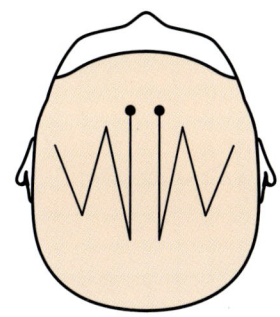

양손을 사용하여 두정부 전체를 마사지한다.

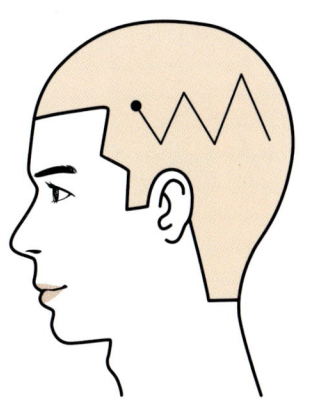

양손 지문으로 측두부와 후두부까지 연결하여 마사지한다.

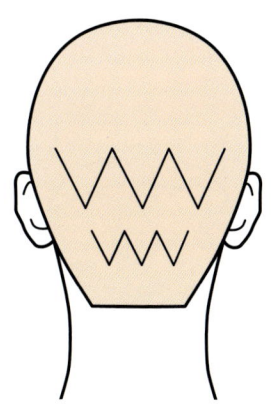

후두부는 왼손으로 무게를 받치고 오른손으로 짧게, 길게 마사지한다.

지그재그 기법

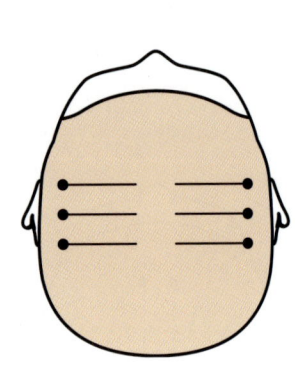

E.P~T.P 방향으로, E.P~G.P 방향으로 양손으로 지그재그 동작으로 마사지한다.

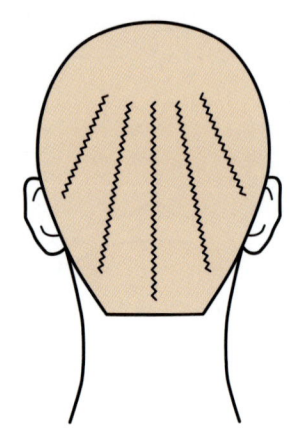

Nape line에서 G.P를 방향으로 지그재그 동작으로 마사지한다.

교차하기 기법

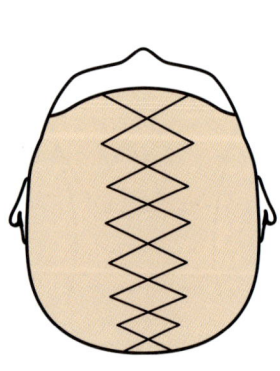

전두부를 양손으로 크로스시켜 마사지한다.

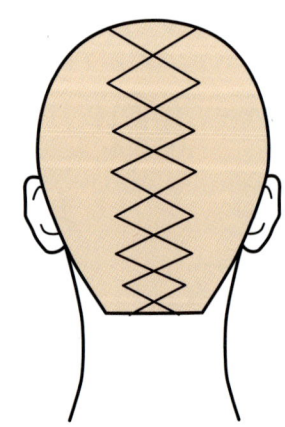

두정부와 후두부를 양손으로 크로스 시켜 마사지한다.

튕겨주기 기법

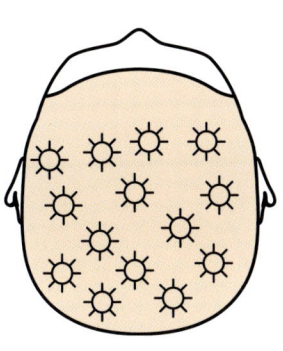

양 손가락의 완충면을 사용해 전두부, 두피를 집어 튕겨주는 기법

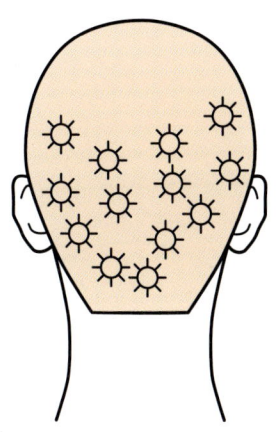

양 손가락의 완충면을 사용해 두정부, 측두부, 후두부 두피를 집어 튕겨주는 기법

쓸어주기 기법

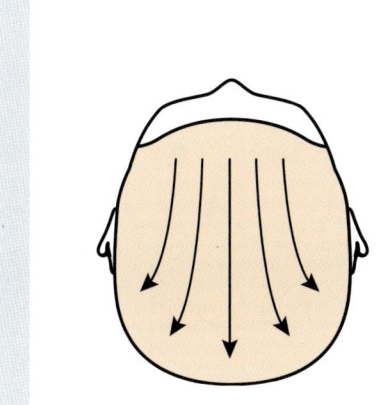

두피를 전체적으로 쓸어주는 기법

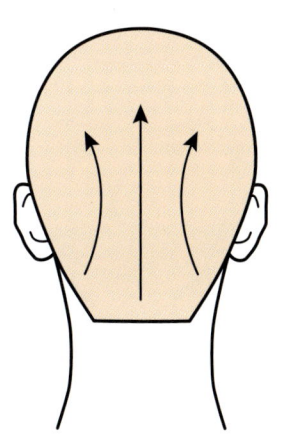

모발 끝까지 쓸어주어 샴푸제(bubble) 제거하는 기법

🌸 트리트먼트 매니플레이션 기법

트리트먼트 매니플레이션

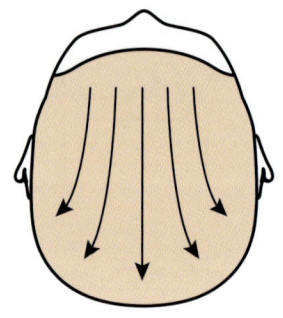

트리트먼트제를 모발에 쓸어주며 도포하는 기법

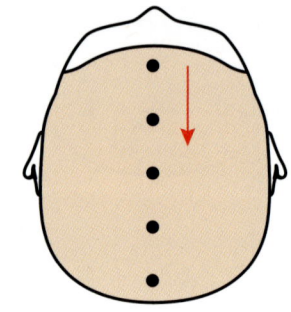

신정, 상성, 고회, 진정, 백회 순으로 양손 엄지 압으로 지그시 눌러 마사지하는 기법

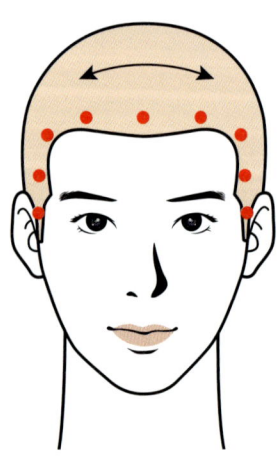

신정, 곡차, 두유, 현로, 아문 청궁 순으로 지그시 눌러 마사지하는 기법

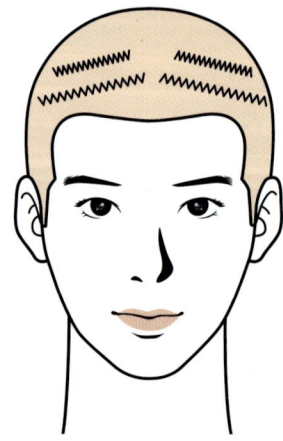

엄지를 백회 부위에 놓고 나머지 사지를 이용해 지그시 눌러 회전하며 백회 부위까지 올라오며 마사지하는 기법

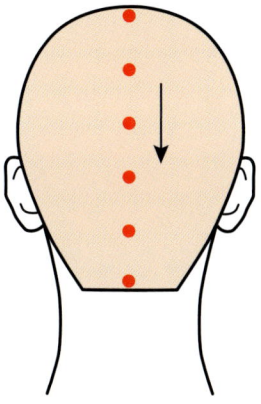

백회부터 후정, 강간, 뇌호, 풍부, 아문까지 검지를 교차하여 지그시 눌러 마사지하는 기법

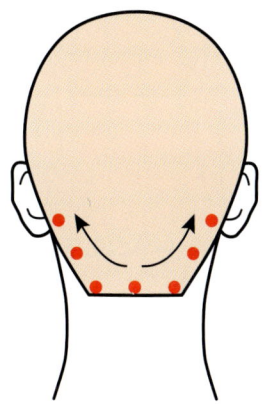

양손 엄지, 검지, 중지, 약지를 이용하여 천주, 풍지, 완골 동시에 잡아 마사지하는 기법

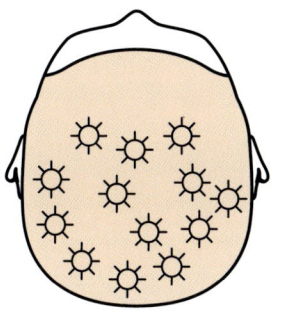

양 손가락의 완충면을 사용해 두피 전체를 집어 튕겨주는 기법

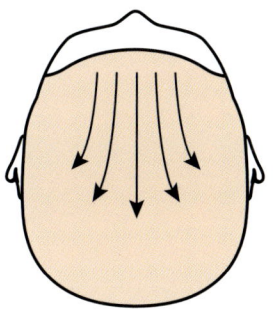

페이스 라인에서 후부두 쪽으로 두피를 쓸어 주어 마무리하는 기법

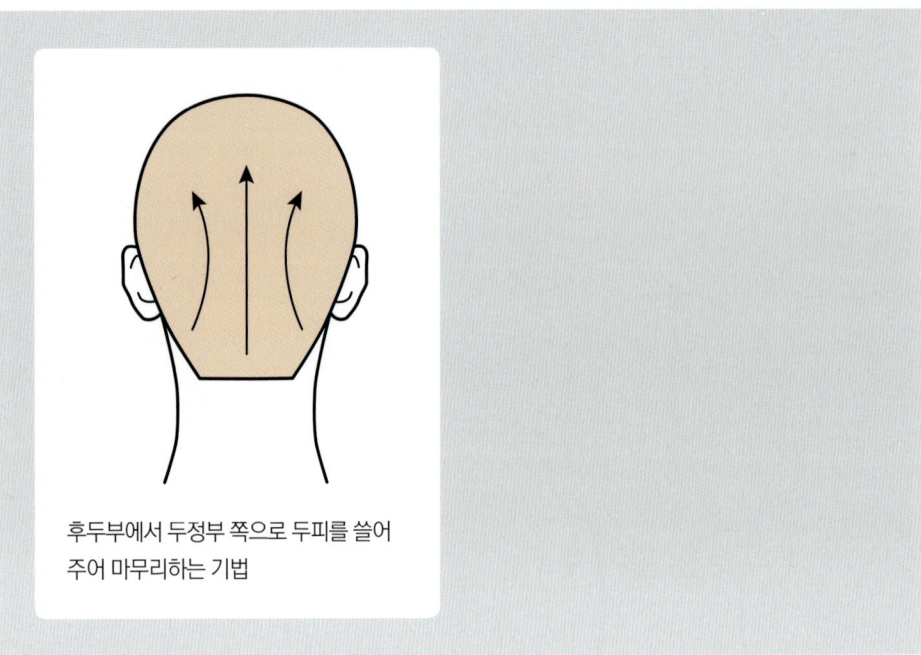

후두부에서 두정부 쪽으로 두피를 쓸어 주어 마무리하는 기법

❋ 샴푸 및 트리트먼트 작업

1. 좌식 샴푸 전 분무기로 모발에 물이 흘러내 지 않을 만큼 충분히 분무한다.

2. 샴푸 제를 두세 번 펌핑 하여 준비한다.

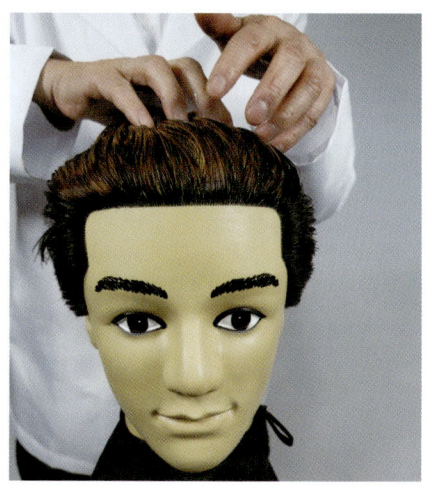

3. 손가락을 사용하여 샴푸제가 모발에 고르게 도포 되게한다.

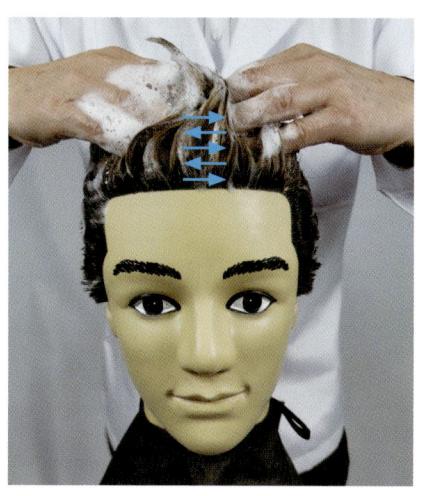

4. 두정부에서 전두부 방향으로 양 손가락을 교 차기법으로 마사지한다.

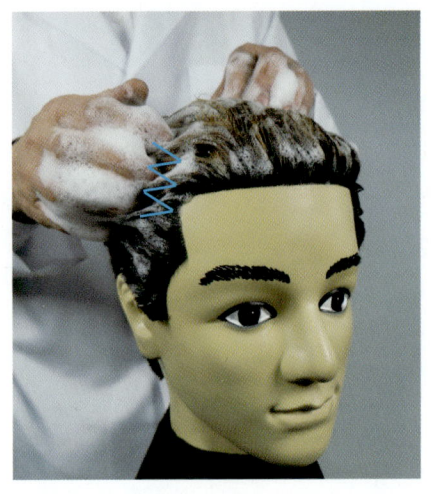

5. 전두부에서 양 손가락으로 지그재그 기법으로 마사지한다.

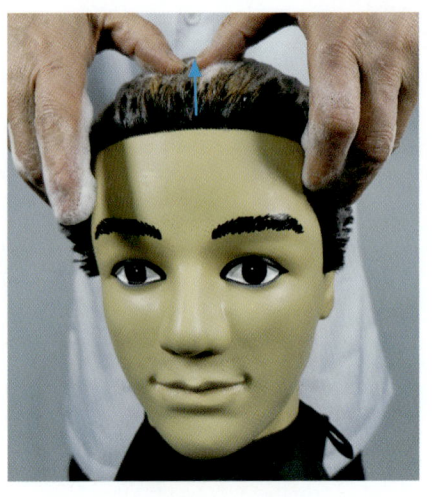

6. 신정, 상성, 고회, 진정, 백회 순으로 양손 엄지 압으로 지그시 눌러 마사지한다.

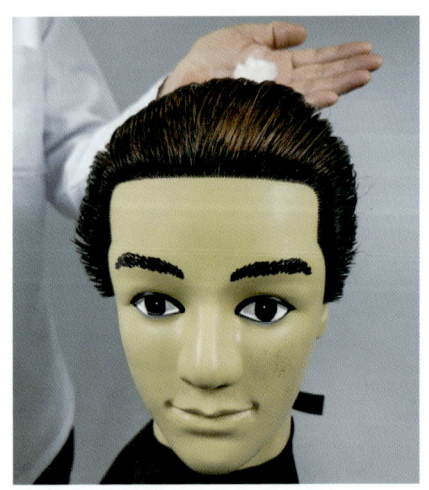

7. 트리트먼트 제를 두세 번 펌핑하여 준비한다.

8. 트리트먼트제는 손바닥과 손가락을 사용하여 고르게 도포한다.

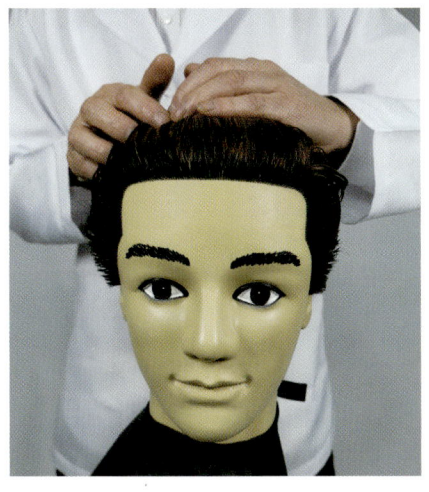

9. 두정부, 전두부 순으로 쓸어주기 기법, 교차 기법 등으로 마사지한다.

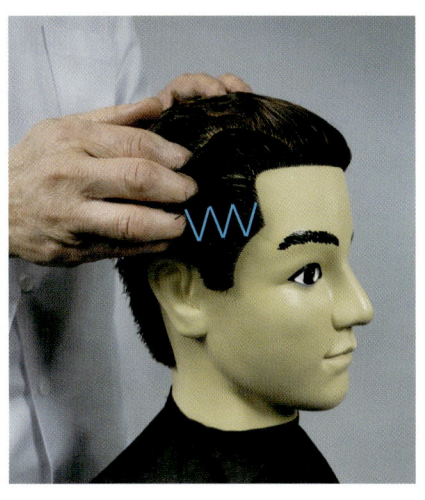

10. 사이드는 지그재그 기법 및 쓸어주기 기법으로 마사지한다.

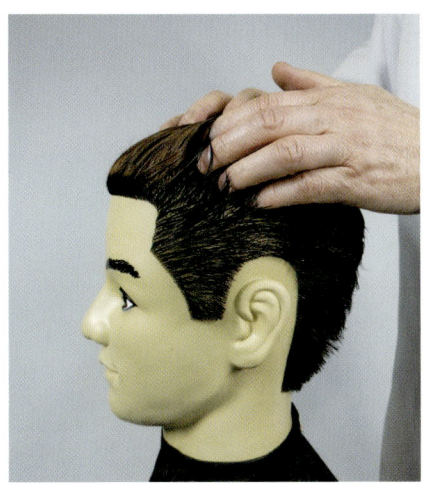

11. 전두부. 두정부는 튕겨 주기 기법으로 마사지한다.

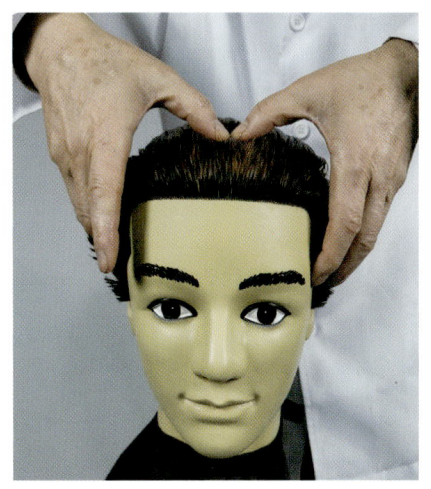

12. 신정, 상성, 고회, 진정, 백회 순으로 가볍게 눌러 마사지한다.

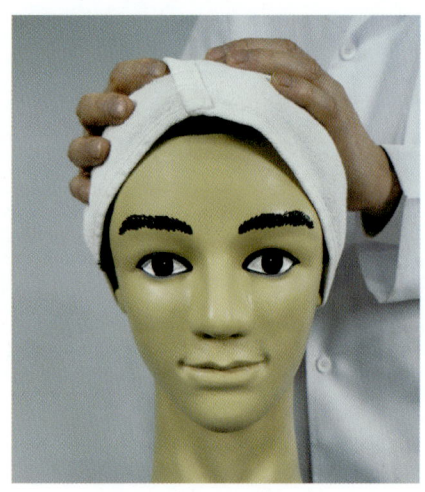 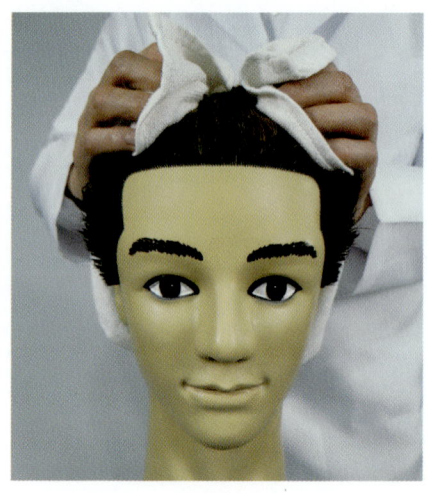

13. 트리트먼트 세정 후 물이 흐르지 않게 타월로 감싸준다.

14. 타월 드라이 후 빗으로 머릿결을 정리하고 진행요원의 지시를 기다린다.

MEMO

정말

Unit 7

❃ 요구 사항

제한시간	15분
작업내용	드라이어와 브러시, 일자 빗을 사용하여 기초작업은 덴맨브러시로 뿌리 몰딩하고 빗으로 정발하시오. (단, 가르마는 마네킹의 좌측 7:3 가르마로 표현하시오.)
작업순서	① 수건대기 → ② 핸드드라이하기 → ③ 정발제 도포하기 → ④ 머리정발하기 → ⑤ 정리·정돈하기
유의사항	두발을 기초 손질한 후 마네킹의 두발 성질에 적합한 정발 용품을 선택하여 사용하되 작품의 초점, 크기, 흐름 및 전체 조화미가 있도록 정발하며 필요 시 작품의 보정을 하시오

❈ 정발 작업

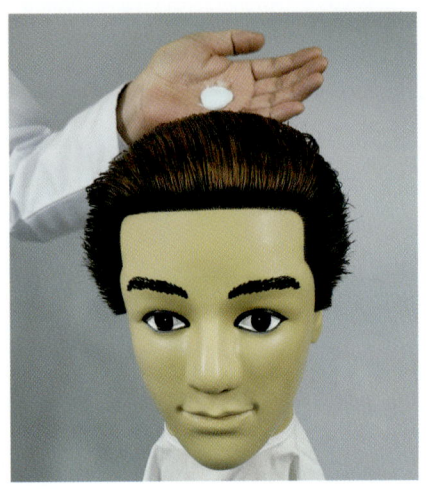

1. 포마드, 헤어크림 약 1:2비율로 동전 500원 크기만큼 준비한다.

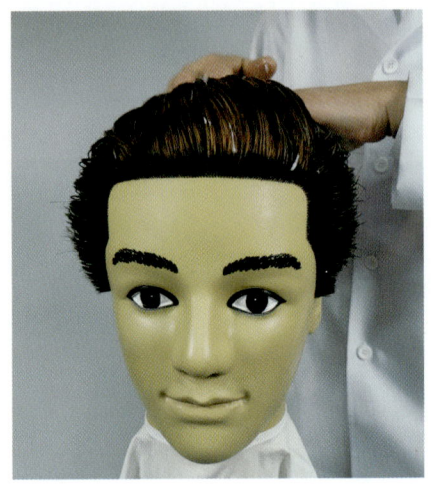

2. 포마드와 헤어크림을 믹스(mix)하여 모발에 고르게 도포한다.

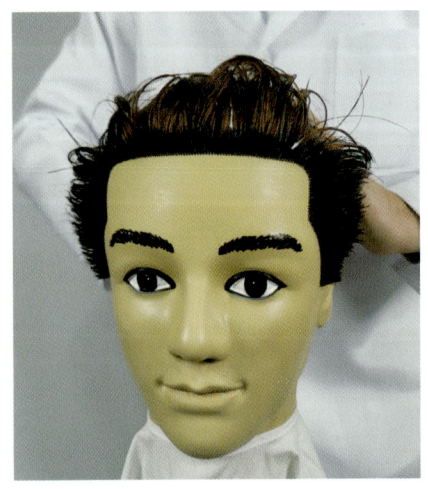

3. 백 부분까지 고르게 도포한다.

4. 7:3 비율로 가르마를 나누고 덴맨 브러시를 사용하여 볼륨(volume) 선을 잡고 드라이기로 열을 전도시킨다.

5. 골덴 포인트 부분도 뿌리 몰딩 시 모발을 세워 드라이 노즐 각 약 45°로 열을 전도시킨다.

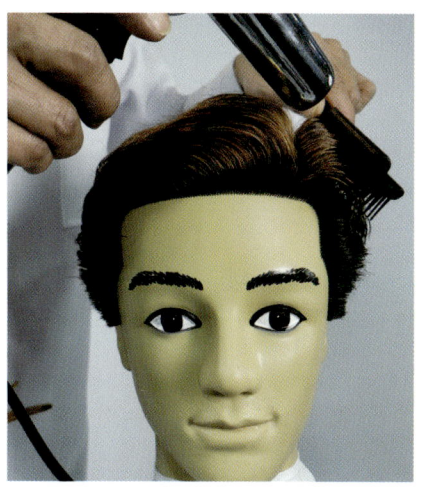

6. 가르마 좌측 부분도 덴맨브러시 빗살 두 줄 정도를 사용하여 모발 뿌리 볼륨을 주어 고정한다.

7. 좌측 백 사이드는 덴맨브러시 빗살 두 줄 정도를 사용하여 모발 뿌리 볼륨을 주어 고정한다.

8. 우측 사이드도 덴맨브러시 빗살 두 줄 정도를 사용하여 모발 뿌리 볼륨을 주어 고정한다.

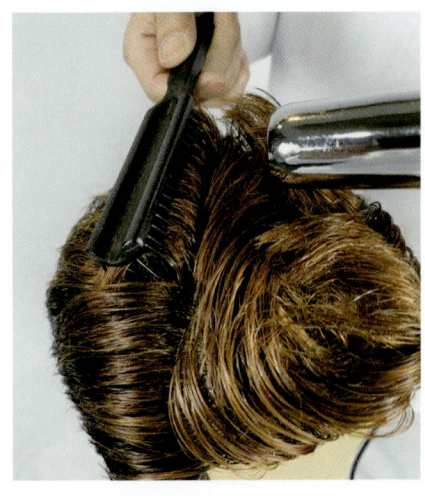

9. 골덴 포인트 부분도 모발 뿌리 볼륨과 높이 조정을 하고 모류의 방향을 잡아준다.

10. 정중선 부분도 모발 뿌리 볼륨과 높이 조정을 하고 모류의 방향을 잡아준다.

11. 골덴 포인트 지점 모발 뿌리 볼륨과 높이 조정을 하고 모류의 방향을 잡아준다.

12. 모발 뿌리 볼륨 높이를 고정하고 모류의 방향을 유도 확인한다.

13. 모발 뿌리 볼륨 높이를 고정하고 모류의 방향을 유도 확인한다.

14. 가르마 전두부 부분도 전체 볼륨 선과 연결이 되도록 수정한다.

15. 가르마 두정부 부분도 전체 볼륨 선과 연결이 되도록 수정한다.

16. 일자 드라이용 빗으로 스타일링 하며 드라이 바람은 약풍으로 조정한다.

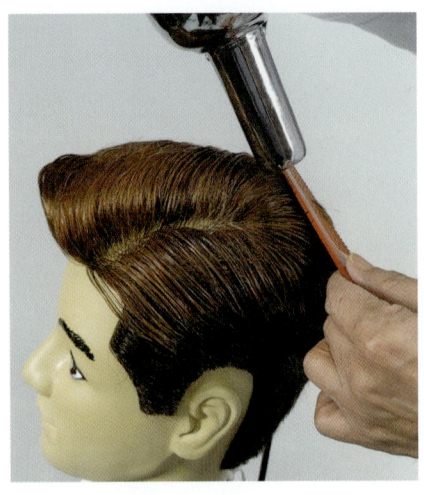

17. 빗살은 모발을 정리하고 빗 등으로 모발 표면을 고르게 정리해 준다.

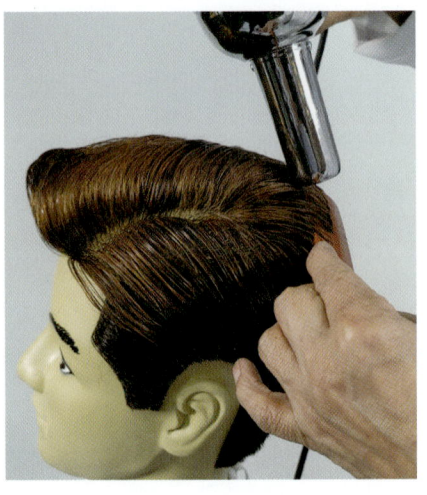

18. 높이가 일정하지 못할 경우 일자 빗으로 조절해 준다.

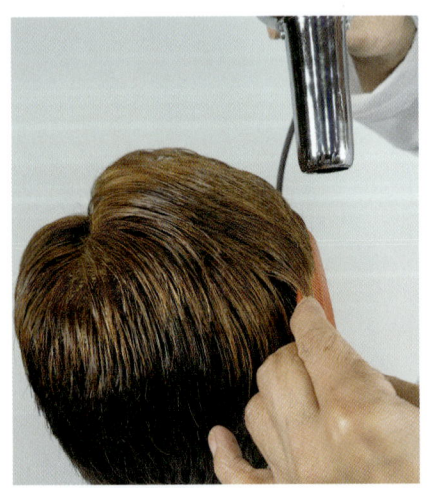

19. 사이드 코너 부분은 일자 빗으로 튀어나온 부분을 연결한다.

20. 모발이 들어간 부분은 빗으로 떠내 드라이로 연결해 준다.

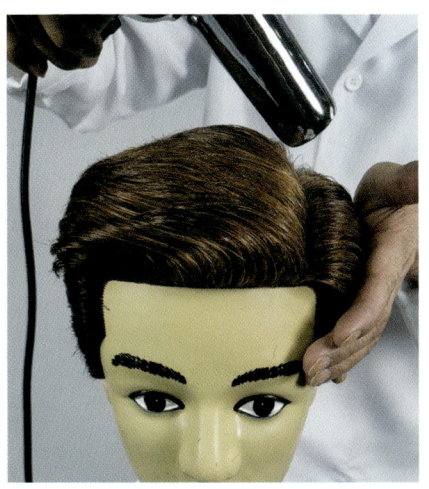 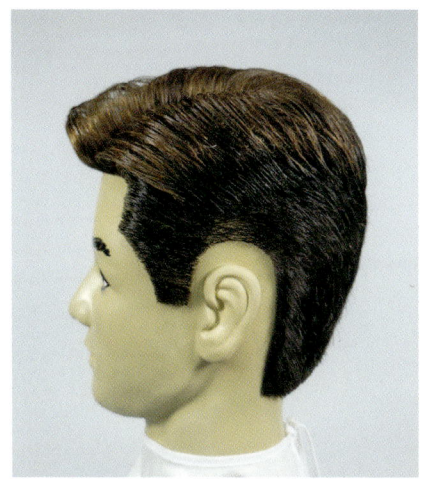

21. 사이드 모발은 손이나 타월 및 빗 등을 사용하여 정리 안된 모발을 그라데이션(gradation)이 되게한다.

22. 정발이 끝나면 주변을 정리·정돈하고 진행요원의 지시를 기다린다.

Unit 8

아이론 펌

🌸 요구 사항

제한시간	20분
작업내용	마네킹 천정부(인테리어) 부위의 두발을 아이론 펌하시오. (사전샴푸 및 수분조절 시간 5분 별도 부여)
작업순서	① 재 커트하기(필요시) → ② 센터 중심으로 수평와인딩하기 → ③ 양쪽 사이드 사선와인딩하기 → ④ 정리·정돈하기
유의사항	배열, 균일성에 유의하여 와인딩 하시오. (12mm 아이론을 사용하여 센터 중심으로 수평 9개 이상, 양쪽 사이드 사선으로 5개 이상 와인딩 하시오.)

🌸 아이론 펌 와인딩 위치

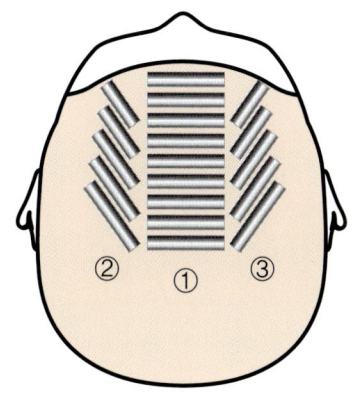

❃ 아이론 펌 작업

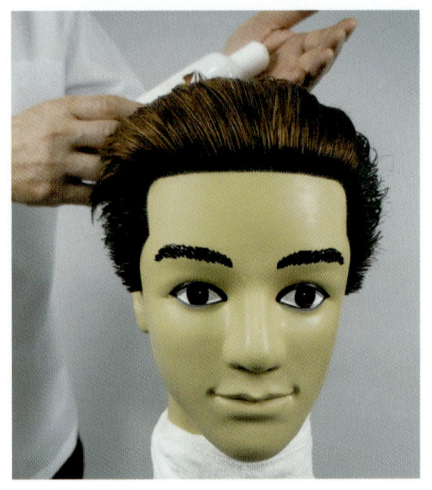

1. 아이론 오일(iron oil)을 동전 500원 크기의 양을 고르게 도포한다.

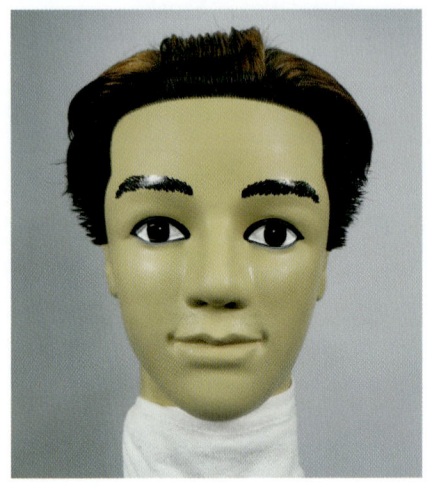

2. 정중선을 중심으로 좌·우 각 3cm~3.5cm 블로킹하여 아이론 12mm 와인딩할 섹션을 구분하여 준다.

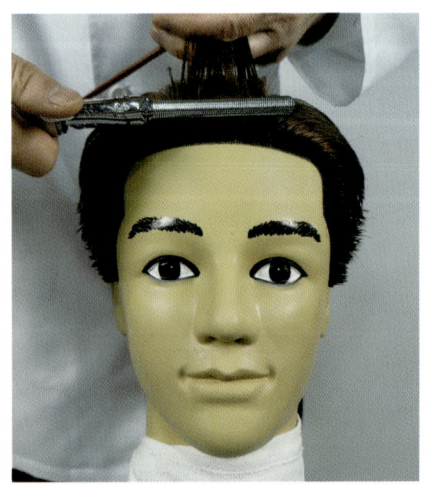

3. 아이론 기의 온도는 모발 상태에 따라 120~140C°로 설정하여 와인딩 한다.

4. 아이론 빗 꼬리를 사용하여 프롱 지름만큼 슬라이스 하여 아이론과 빗을 교차시켜 모발 결을 정리한 후 모발 뿌리 부분에서 와인딩 한다.

5. 센터 아이론 와인딩 길이는 약 6~7cm로 한다.

6. 와인딩 시 크기와 양감, 간격을 균일하게 되도록 한다.

7. 와인딩 시술 시 빗은 두피의 화상을 입지 않도록 항상 아이론 밑에 위치시키고 9개 이상 와인딩 한다.

8. 우측 사이드 첫 번째 와인딩은 4cm~5cm 정도의 길이로 수평 방향 4번째 와인딩 된 부분과 만나도록 사선 와인딩 한다.

9. 아이론을 모발과 분리할 때 역회전시킨 다음 빗살로 모발을 고정시키고 아이론 기만 살며시 빠져나온다.

10. 좌측 사이드 첫 번째 와인딩은 4cm~5cm 정도의 길이로 수평 방향 4번째 와인딩된 부분과 만나도록 사선 와인딩 한다.

11. 다섯 번째 와인딩은 수평 와인딩 아홉번째 와인딩 된 것과 만나도록 한다.

12. 아이론 펌 와인딩이 끝나면 주변을 정리·정돈하고 진행요원의 지시를 기다린다.

MEMO

02
Chapter

단발형 이발
- 중상고

Unit 1 | 단발형 이발 (중상고)
Unit 2 | 멋 내기 염색
Unit 3 | 샴푸 및 스캘프 매니플레이션
Unit 4 | 정발
Unit 5 | 아이론 펌

단발형 이발
(중상고)

Unit 1

❋ 요구 사항

단발형 이발(중상고)	C.P : 7~8cm T.P : 5~6cm G.P : 6~7cm N.P : 클리퍼 3cm E.P : 클리퍼 2cm
제한시간	30분
작업내용	가위와 클리퍼를 사용하여 도면과 같이 머리카락이 귀 부분을 덮지 않은 단정한 머리형으로 조발하시오. (단, 조발순서는 전두부에서부터 후두부 상단, 양측두부, 후두부 순으로 진행하고, 클리퍼는 넥라인(목 뒷부분) 3 cm 이하, 사이드 라인 2 cm 이하의 범위로만 사용하여 올려깎기 한 후, 클리퍼 커트한 부위를 가위만 사용하여 싱글링 그라데이션 하시오.)
작업순서	① 커트 앞장치기 → ② 머리 물 분무하기 → ③ 가르마 타기(빗질하기) → ④ 지간깎기 → ⑤ 하단부 떠내깎기 → ⑥ 숱 고르기 → ⑦ 클리퍼 조발하기 → ⑧ 가위와 빗으로 싱글링하기 → ⑨ 천가분 칠하기 → ⑩ 수정 커트, 옆선 및 뒷선 정리하기 → ⑪ 머리카락 털기 및 커트보 정리하기 → ⑫ 뒷면도하기 → ⑬ 정리·정돈하기
유의사항	• 두발은 남성적이며 가지런하고, 현대적 감각의 자연스러움과 전체적인 색조와 균형이 이루어져야 함. (뒷면도 포함, 클리퍼는 지정된 부위만 사용하여야 하며, 사용 시 덧날과 빗 사용은 금지됨) • 숱 고르기는 틴닝가위만 • 가위와 빗으로 커트하기 • 수정 커트 및 옆선 정리하기는 장가위만 사용할 수 있음.

❋ 단발형 이발(중상고) 완성작품

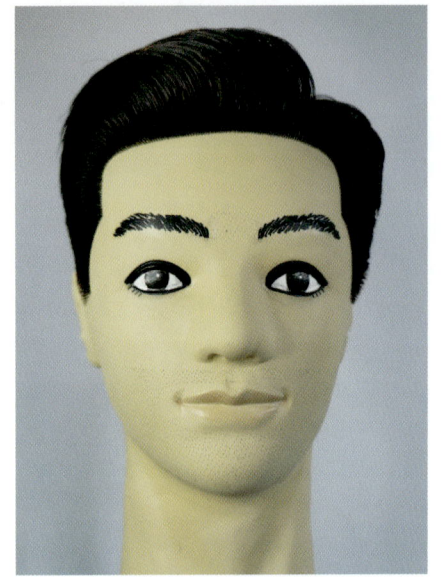

[정면]

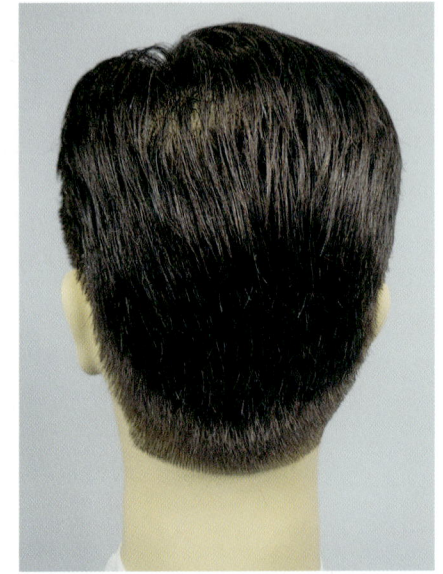

[뒷면]

[우측면]

[좌측면]

❋ 단발형 이발(중상고) 도면

| 자격종목 | 이용사 | 과제명 | 단발형 이발(하상고) | 척도 | NS |

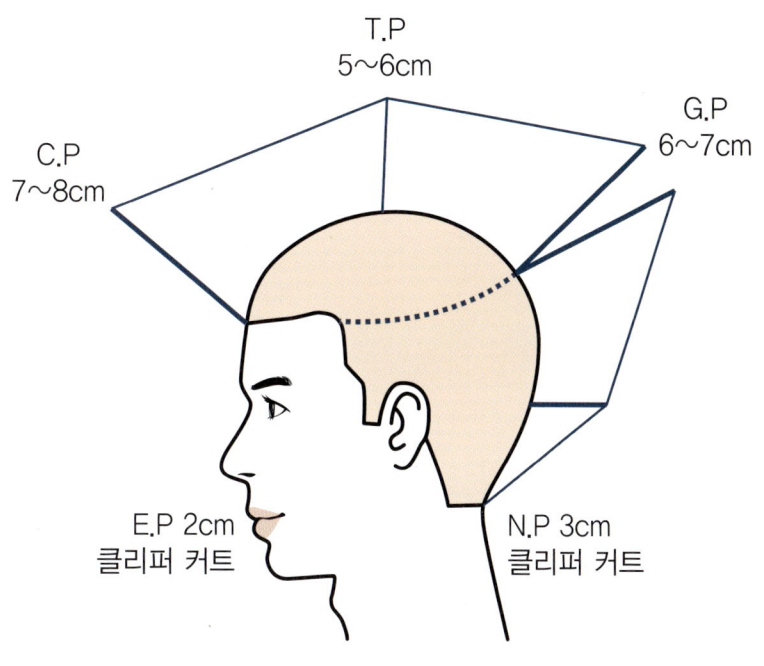

❈ 단발형 이발(중상고) 작업

1. 시험용 가발은 출시 상태 유지 (규정 변경)

2. 넥 페이프를 앞쪽에서 뒤 방향으로 가지런히 감아준다.

3. 넥 페이퍼 위에 타월을 가지런히 감아준다.

4. 타월 위에 앞쪽에서 뒤 방향으로 커트 보를 착용시킨다.

5. 얼굴에 물이 묻지 않게 적당량의 수분을 분무하고 가지런히 빗질하여 커트 준비를 한다.

6. 정중선을 중심으로 좌·우 1cm정도 약 2cm 블로킹한다.

7. 센터포인트(C.P)길이 7~8cm 설정하여 가이드 라인 커트한다.

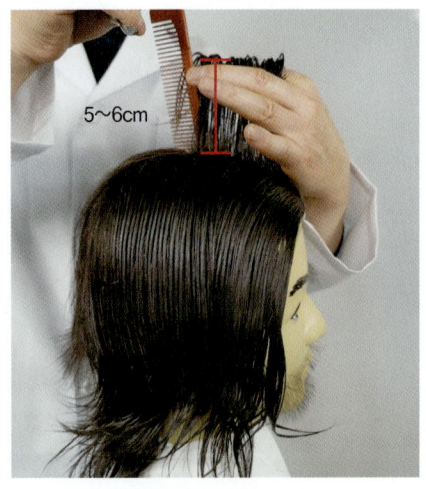

8. 톱 포인트(T.P) 5~6cm 설정하여 가이드라인 커트한다.

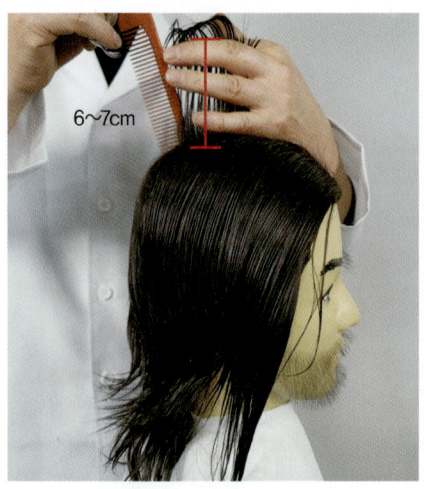

9. 골덴 포인트(G.P) 6~7cm 설정하여 가이드라인 커트한다.

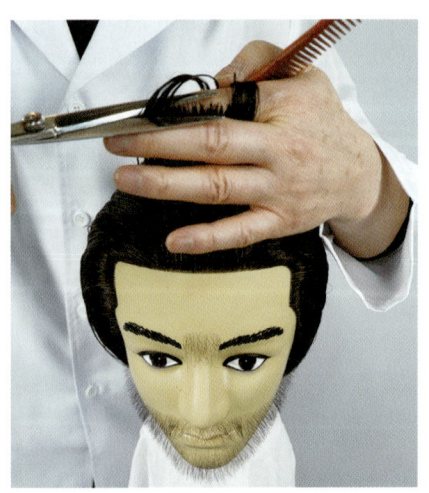

10. 센터 포인트에서 지간 자르기 기법으로 일반시술 각 90° 온 베이스로 7~8cm로 커트한다.

11. 지간 잡기 기법으로 가이드라인에 맞추어 톱 포인트 5~6cm 골덴 포인트 6~7cm 연결 커트한다.

12. 골덴 포인트에서는 모발 길이가 6~7㎝가 유지될 수 있도록 앞쪽으로 끌어올려 프리베이스로 커트한다.

13. 우측 측두선 부분은 센터 가이드를 기준으로 일반시술 각 90° 커트한다.

14. 좌측 페이스 사이드 포인트(F.S.P)에서 대각선 수평 체크 커트한다.

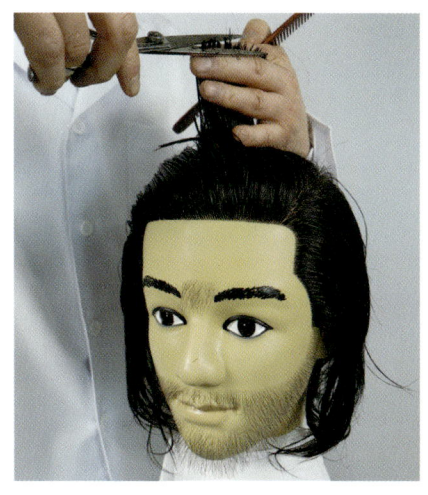

15. 좌측에서 우측 측두선까지 대각선 수평 체크 커트한다.

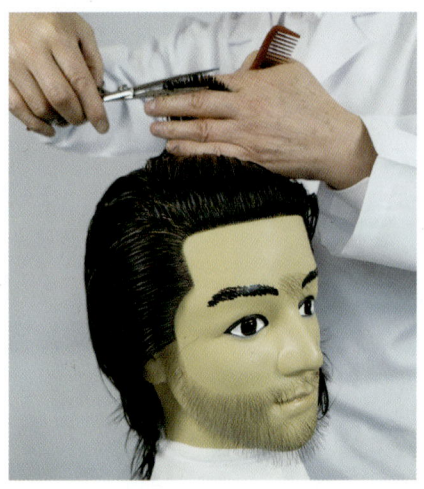

16. 우측 페이스 사이드 포인트(F.S.P)에서 대각선 수평 체크 커트한다.

17. 사이드 커트 시 페이스 사이드 포인트에서 약 1cm 가이드 라인으로 설정한다.

18. 측두부 지간 잡기 커트는 측두선 가이드라인으로 백 사이드 방향으로 돌아가며 자연 시술 각 60° 연결 커트한다.

19. 커트를 진행하면서 측두선 가이드라인을 확인한다.

20. 측두선 가이드라인에 맞추어 백 포인트 방향으로 돌아가며 자연시술 각 60° 연결 커트한다.

21. 두정부는 골덴 포인트 가이드 라인을 기준으로 지간 잡기 변이분배 커트한다.

22. 백 포인트에서 골덴 포인트 가이드라인에 맞추어 좌측 백 사이드로 돌아가며 자연각도 60° 연결 커트한다.

23. 좌측 백 사이드 변이분배 커트 시 스트랜드의 양을 적게 사용한다.

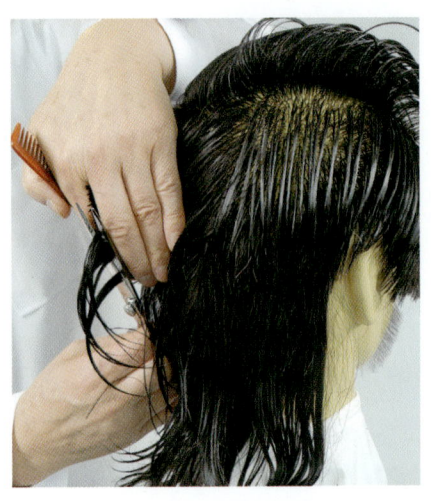

24. 우측 백 사이드와 동일한 방법으로 변이분배 자연시술 각 60° 연결 커트한다.

25. 두정부 좌측사이드 가이드를 기준으로 지간잡기 컷트한다.

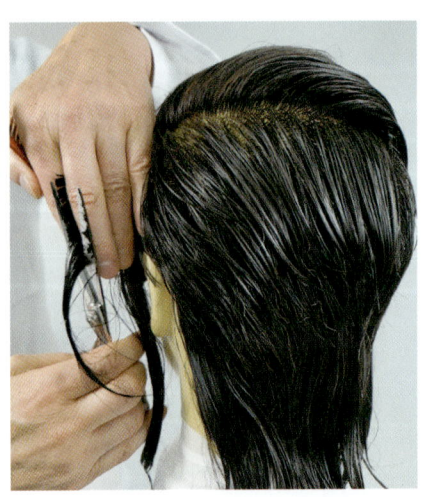

26. 측두선 가이드라인에 맞추어 사이드 코너 포인트 방향으로 돌아가며 자연시술 각 60° 연결 커트한다.

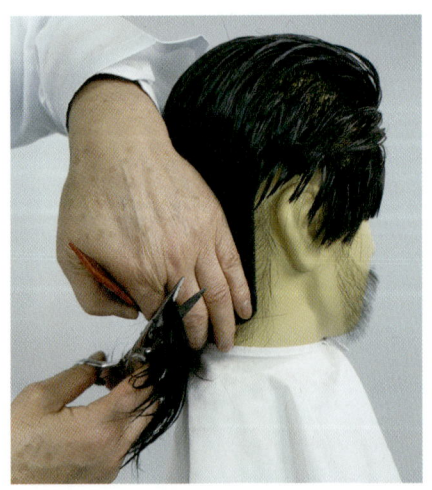

27. 네이프라인 자연시술 각 60° 연결 커트한다.

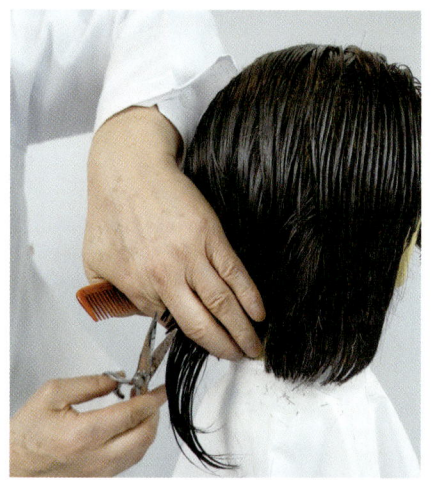

28. 지간 잡기 아웃 커트가 용이하지 않을경우 지간 잡기 인커트로 시술한다.

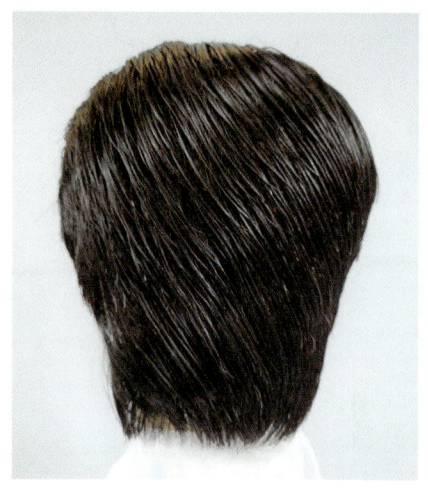

29. 지간 잡기 커트가 완료된 상태이다.

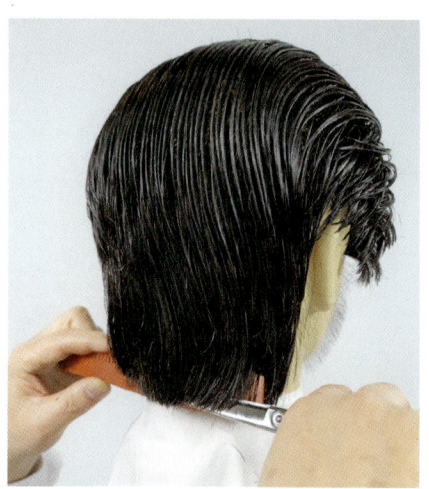

30. 떠내 깎기 시 빗살로 모발을 잡은 상태에서 가위와 빗을 교차하면서 모발을 가지런히 정리한다.

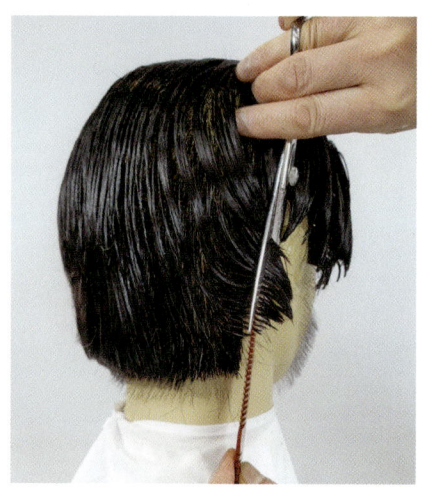

31. 우측 백사이드 떠내 깎기(떠올려 깎기)는 헤어라인을 따라 자연각도 60° 커트한다.

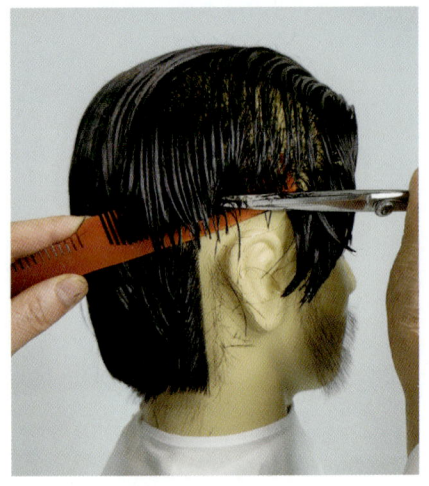

32. 이어 라인부분은 곡선이므로 커트 되는 간격을 약 2cm 이내로 한다.

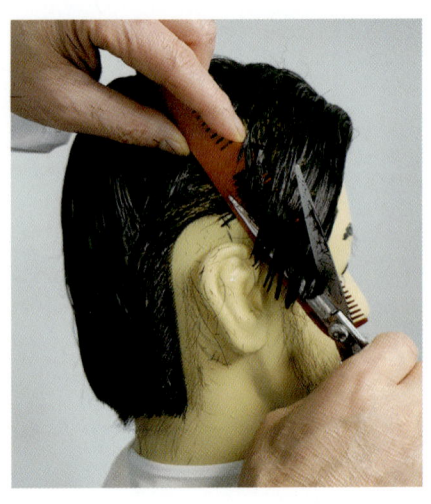

33. 사이드 커트는 빗 등을 두피에 밀착 후 가위의 정날이 빗 등을 타고 들어가서 커트한다.

34. 좌측 백사이드 커트 빗 등을 두피에 밀착시킨 후 일반시술 각 60°로 커트한다.

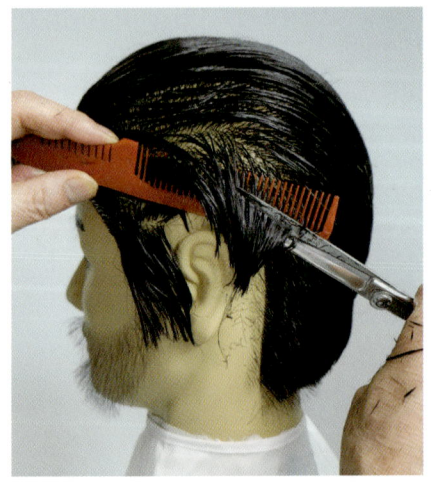

35. 좌측 이어 라인 부분은 곡선이므로 커트 간격을 약 2cm 이내로 한다.

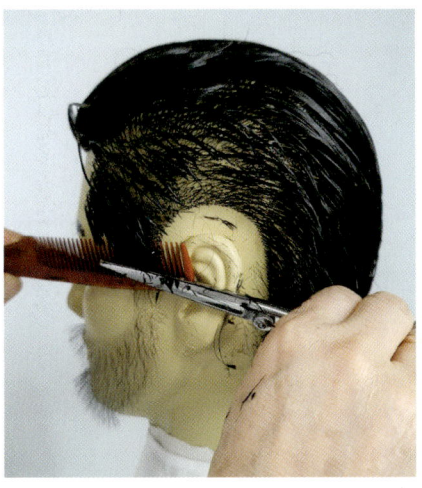

36. 커트된 면이 고르게 될 수 있도록 반복해서 커트한다.

37. 떠내 깎기 후 두정부는 틴닝가위로 지간 잡기 엔드 테이퍼링(end tapering) 모발 끝에서 1/3지점에서 커트한다.

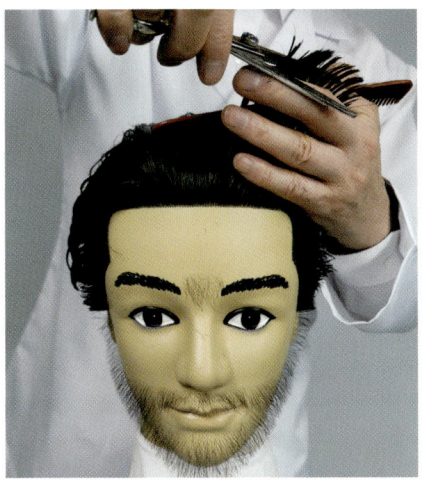

38. 두정부 좌측 부분은 엔드 테이퍼링으로 접합부와 연결 커트한다.

39. 백부분 엔드 테이퍼링 하여 떠올려 깎기 한 부분과 그라데이션(gradation) 커트한다.

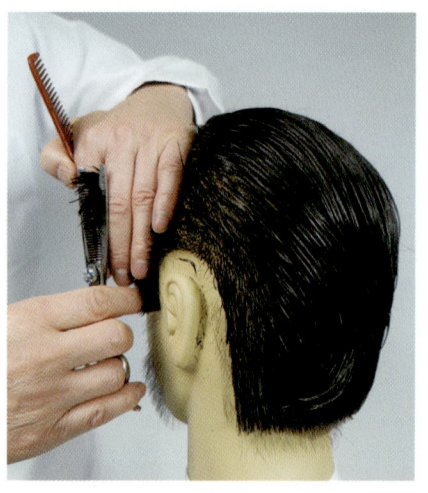

40. 틴닝 지간 잡기 순서는 두정부, 우측사이드, 백 부분, 좌측사이드 순으로 접합부와 그라데이션(gradation) 커트한다.

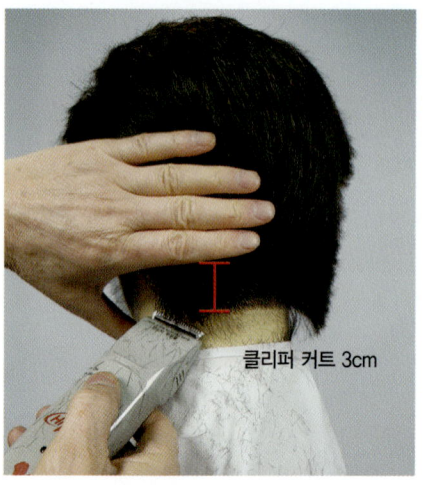

41. 좌측 네이프 라인에서 클리퍼로 3cm 올려깎기 한다.

42. 좌측 네이프 사이드 올려깎기 3cm로 시작해서 이어 포인트 2cm 가될 수 있도록 연결 커트한다.

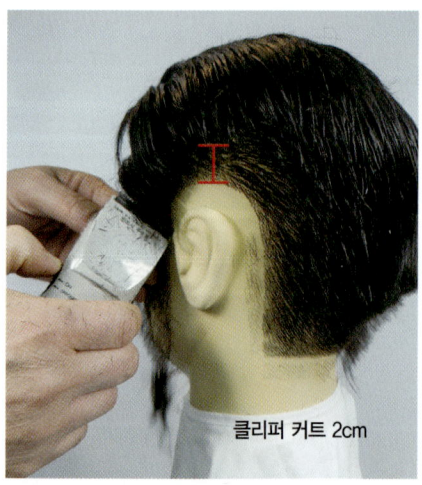

43. 사이드 코너 포인트에서 돌려깎기로 이어포인트(ear pointer) 클리퍼 커트 라인(clipper cut line) 2cm로 연결한다.

44. 우측 네이프 라인에서 3cm 올려깎기 한다.

45. 우측 네이프 사이드라인 올려깎기 3cm로 시작해서 이어 포인트 2cm가 될 수 있도록 60° 연결 커트한다.

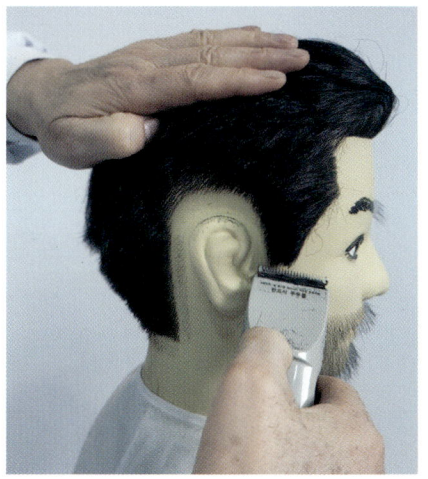

46. 사이드 코너 포인트에서 돌려깎기로 이어 포인트로 연결커트한다.

47. 접합부에 천가분을 도포한다.

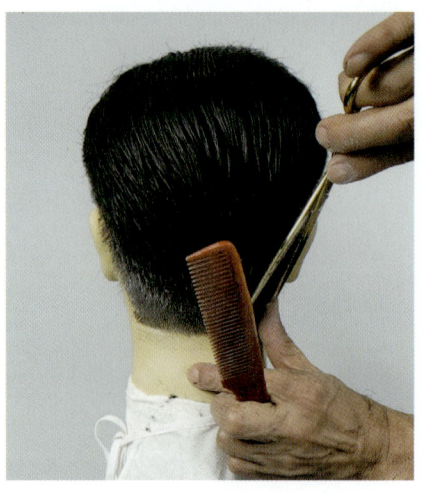

48. 네이프 접합부 밀어깍기 및 소밀깍기로 요철 부분을 고르게 다듬어 준다.

49. 좌측 사이드 접합부 밀어깍기 및 소밀깍기로 요철 부분을 고르게 다듬어 준다.

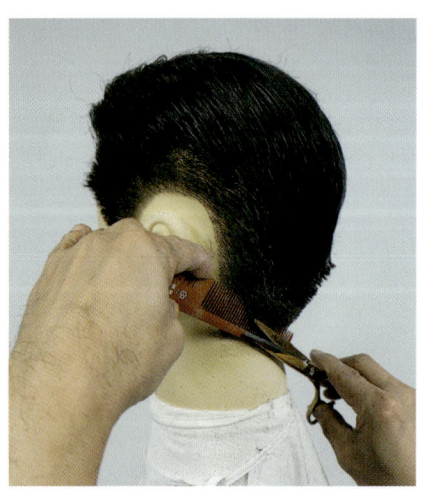

50. 좌측 네이프 사이드는 소밀깍기 및 싱글링 커트 기법으로 그라데이션(gradation) 커트 한다.

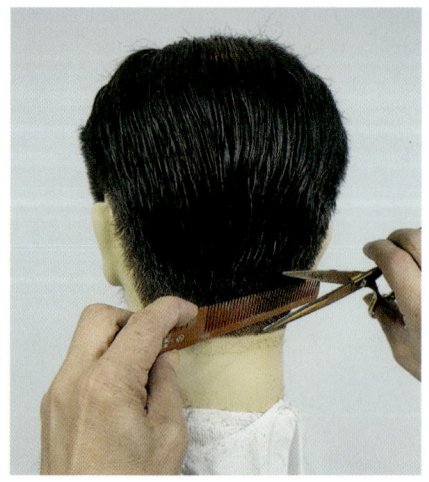

51. 우측 네이프 사이드는 작은 빗으로 소밀깍기 및 싱글링 기법으로 그라데이션(gradation) 커트한다.

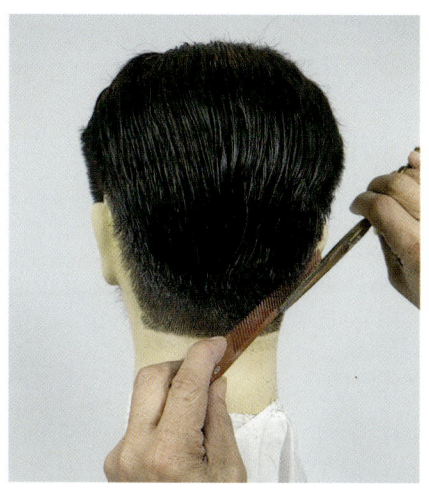

52. 접합부는 그라데이션(gradation) 커트한다.

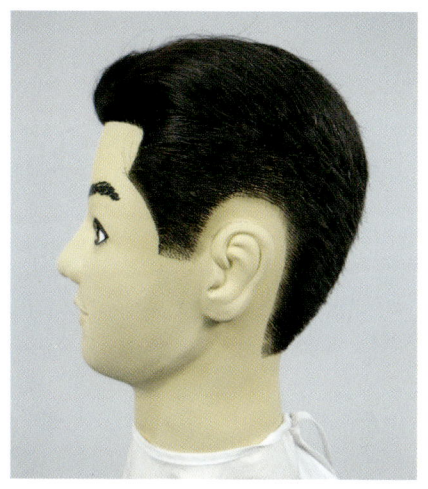

53. 커트 및 뒷 면도가 끝나면 주변을 정리·정돈하고 진행요원의 지시를 기다린다.

Unit 2

멋내기 염색

❈ 요구 사항

제한시간	30분
작업내용	마네킹의 모발에 멋내기 염색을 하시오. (최종 5레벨 정도 되도록 염색)
작업순서	① 멋내기 염색준비하기 → ② 염색하기 → ③ 방치하기 → ④ 염색제 씻어내기
유의사항	• 준비작업 시 앞장, 염색약 조제, 헤어라인 크림도포 등 염색에 필요한 작업을 하시오. • 염색방치동안 주변 정리 작업을 하시오.

❋ 멋 내기 염색 작업

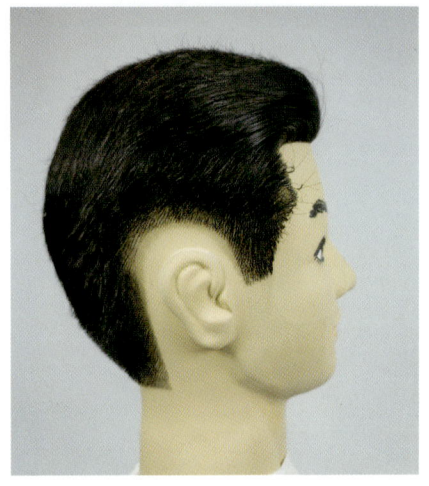

1. 최종 5레벨 정도 되도록 염색 준비를 한다.

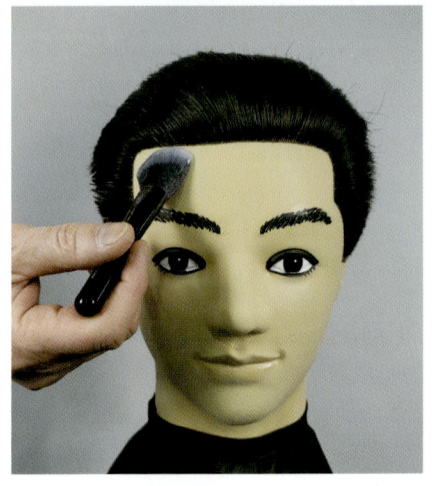

2. 멋내기 염색 시술 전 피부 보호제를 헤어라인에 도포한다.

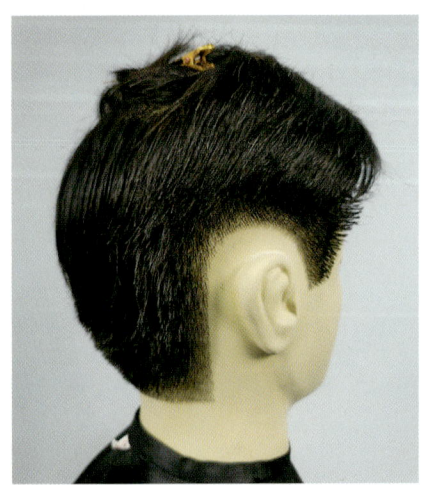

3. 멋내기 염색 전 두정부를 구분한다.

4. 모근부분 약 1cm을 띄워 염모제를 도포 한다.

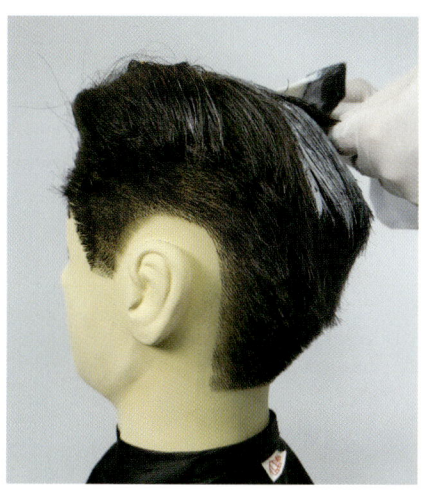

5. 모발을 가지런히 빗질한 후 염모제를 고르게 도포하여 얼룩지는 현상을 방지한다.

6. 두정부에서 전두부 방향으로 피부에 묻지 않게 주의해서 도포한다.

7. 두정부 전두부 염모제 도포 후 뭉쳐있는 염모제는 가볍게 걷어낸다.

8. 사이드 염색 시 귀에 염모제가 묻지 않도록 주의해서 시술한다.

9. 염색 빗으로 빗질하여 모발사이에 염모제가 균일하게 도포될 수 있도록 빗어준다.

10. 이어라인 짧은모발에는 브르시의 각도를 낮게하여 염모제가 튀는것을 예방한다.

11. 백 포인트는 색션을 나누어 균일하게 도포한다.

12. 네이프 도포 시 짧은모발에는 브르시의 각도를 낮게하여 염모제가 튀는것을 예방한다.

13. 염모제 도포가 고르게 되었는지 확인한다.

14. 산일 방지와 온도를 유지하기 위해 비닐캡을 씌운다.

15. 프로세싱 타임을 줄이기 위해 히팅캡을 씌우고 약 5~7분 정도 방치한다. 방치 시간 동안 주변 정리·정돈을 한다.

16. 샴푸와 타월드라이가 끝나면 주변을 정리, 정돈하고 진행요원의 지시를 기다린다.

샴푸 및 스캘프 매니플레이션

Unit 3

❀ 요구 사항

샴푸, 트리트먼트	좌식 샴푸와 스캘프 매니플레이션
제한시간	10분
작업내용	마네킹의 두발을 좌식 샴푸 및 정확한 동작으로 스캘프 매니플레이션하시오.
작업순서	① 세발앞장치기 → ② 샴푸 및 트리트먼트하기 → ③ 스캘프 매니플레이션하기 → ④ 모발 세척하기 → ⑤ 얼굴 및 머리부위 물기 제거하기 → ⑥ 타월 드라이하기 → ⑦ 정리정돈하기
유의사항	스캘프 매니플레이션 순서는 두정부, 전두부, 측두부, 후두부 순이며, 모발 세척 시 마네킹의 두피에 샴푸제가 남아있지 않도록 하시오.

❈ 샴푸 및 스캘프 매니플레이션 작업

1. 좌식 샴푸 및 스캘프 매니플레이션 작업을 준비한다.

2. 좌식 샴푸 전 분무기로 모발에 물이 흘러내리지 않을 만큼 충분히 분무한다.

3. 샴푸 제를 두세 번 펌핑 하여 양 손바닥으로 도포한다.

4. 손가락을 사용하여 샴푸제가 모발에 고르게 도포 되게 한다.

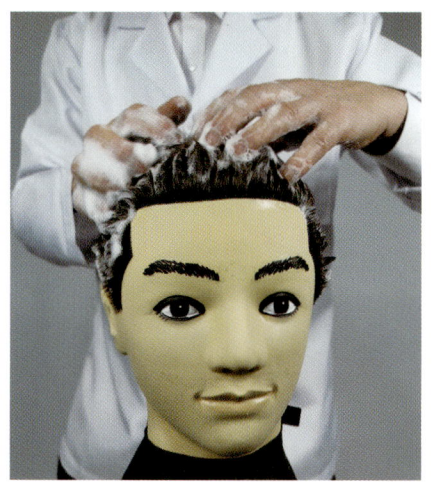

5. 두정부, 전두부 방향으로 양 손가락을 교차하면서 마사지한다.

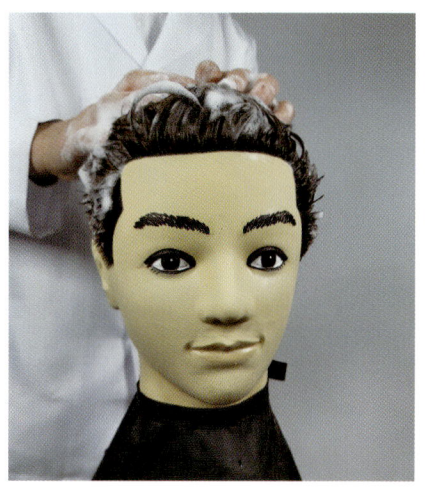

6. 전두부에서 양 손가락으로 지그재그 기법으로 마사지한다.

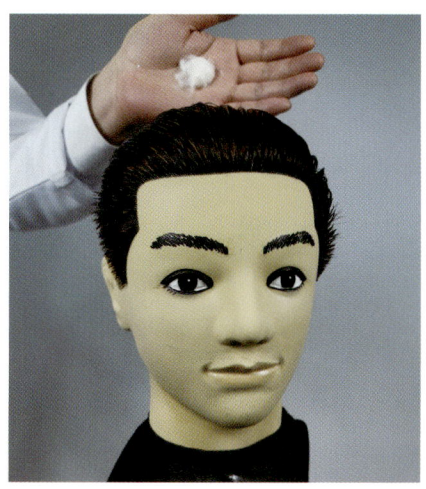

7. 트리트먼트제를 두세 번 펌핑하여 준비한다.

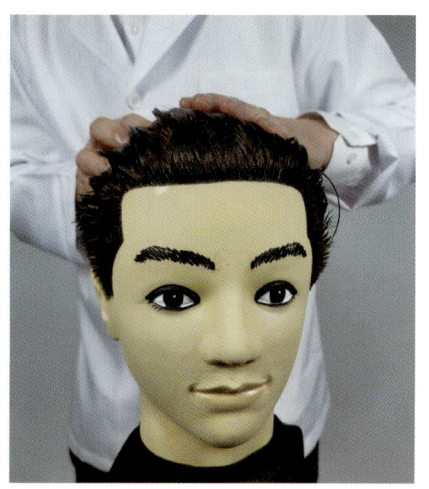

8. 트리트먼트제는 손바닥과 손가락을 사용하여 고르게 도포한다.

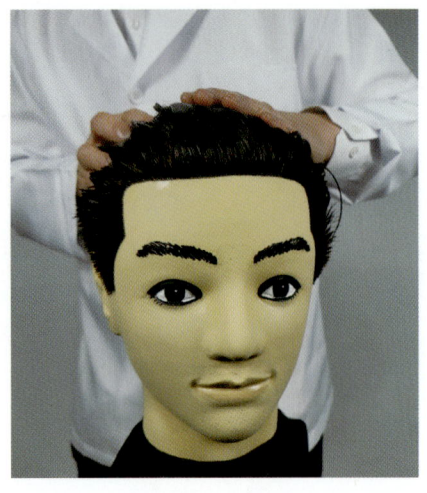

9. 두정부, 전두부 순으로 쓸어주기 기법, 교차 기법 등으로 마사지한다.

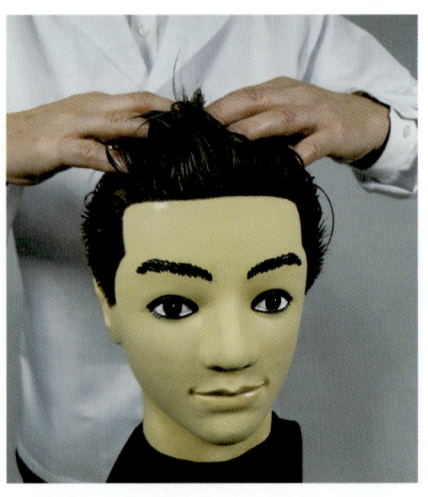

10. 전두부. 두정부는 튕겨 주기 기법으로 마사지한다.

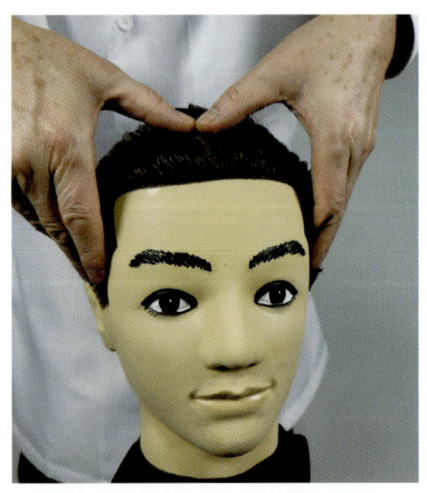

11. 신정, 상성, 고회, 진정, 백회 순으로 양손 엄지 압으로 지그시 눌러 마사지한다.

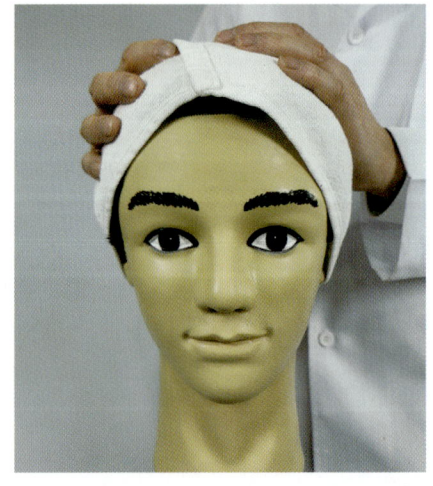

12. 트리트먼트 세정 후 물이 흐르지 않게 타월로 감싸준다.

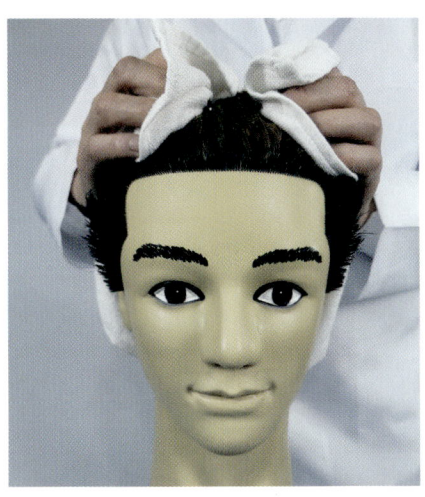

13. 타월 드라이 후 빗질하여 머릿결을 정리한다.

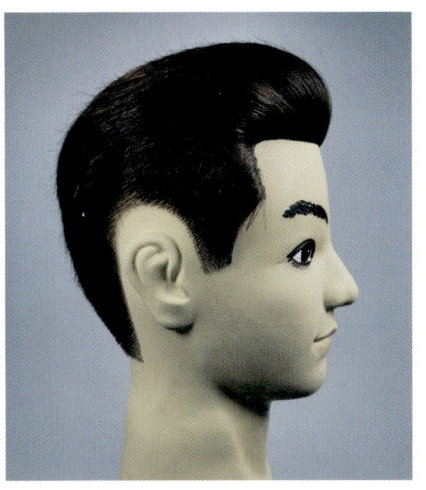

14. 작업을 마치면 주변을 정리·정돈하고 진행 요원의 지시를 기다린다.

Unit 4

정발

❈ 요구 사항

제한시간	15분
작업내용	이용용 드라이어와 브러시, 일자빗을 사용하여 기초작업은 덴맨브러시로 뿌리 몰딩하고 빗으로 마무리 스타일링 하시오.(단, 가르마는 마네킹의 좌측 7:3 가르마로 표현하시오.)
작업순서	① 수건대기 → ② 핸드드라이하기 → ③ 정발제 도포하기 → ④ 머리정발하기 → ⑤ 정리·정돈하기
유의사항	두발을 기초 손질한 후 마네킹의 두발 성질에 적합한 정발 용품을 선택하여 사용하되 작품의 초점, 크기, 흐름 및 전체 조화미가 있도록 정발하며 필요 시 작품의 보정을 하시오

❀ 정발 작업

1. 정발 하기를 준비한다.

2. 포마드와 헤어크림을 믹스(mix) 하여 모발 뿌리 부분부터 고르게 도포한다.

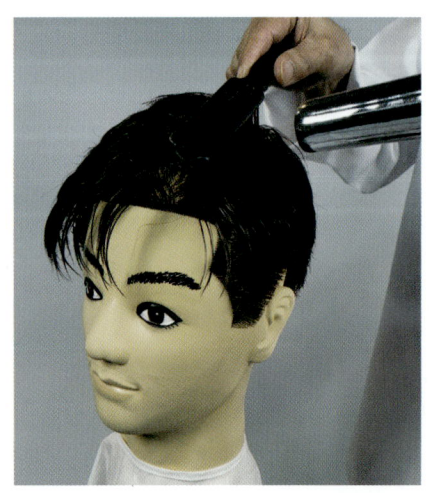

3. 7:3 비율로 가르마를 나누고 덴맨브러시를 사용하여 볼륨 선을 잡고 드라이기로 열을 전도시킨다.

4. 골덴 포인트 부분에 뿌리 몰딩 시 모발을 세워 드라이 노즐 각 약 45°로 열을 전도시킨다.

5. 가르마 좌측 부분도 덴맨브러시 빗살 두 줄 정도를 사용하여 모발 뿌리 볼륨을 주어 고정한다.

6. 골덴 포인트 부분도 모발 뿌리 볼륨과 높이 조정을 하고 모류의 방향을 잡아준다.

7. 모발 뿌리 볼륨 높이를 고정하고 모류의 방향을 유도 확인한다.

8. 일자 드라이용 빗으로 스타일링 하며 드라이 바람은 약풍으로 조정한다.

9. 빗살은 모발을 정리하고 빗 등으로 모발 표면을 고르게 정리해 준다.

10. 정발이 끝나면 주변을 정리·정돈하고 진행 요원의 지시를 기다린다.

MEMO

Unit 5

아이론 펌

요구 사항

제한시간	20분
작업내용	마네킹 천정부(인테리어) 부위의 두발을 아이론 펌하시오. (사전샴푸 및 수분조절 시간 5분 별도 부여)
작업순서	① 재 커트하기(필요 시) → ② 센터 중심으로 수평와인딩하기 → ③ 양쪽 사이드 사선와인딩하기 → ④ 정리·정돈하기
유의사항	배열, 균일성에 유의하여 와인딩 하시오. (12mm 아이론을 사용하여 센터 중심으로 수평 9개 이상, 양쪽 사이드 사선으로 5개 이상 와인딩 하시오.)

단발형 이발(중상고) 아이론 펌 도면

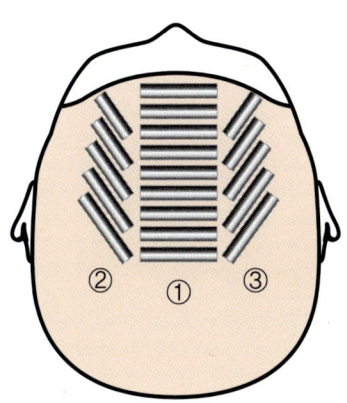

❉ 아이론 펌 작업

1. 아이론 펌 하기를 준비한다.

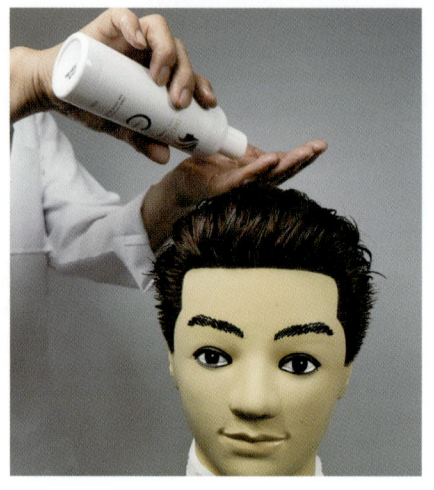

2. 아이론 오일(iron oil)을 동전 500원 크기의 양을 고르게 도포한다.

3. 정중선을 중심으로 좌우 각 3cm~3.5cm 블로킹하여 아이론 12mm 와인딩할 섹션을 구분하여 준다.

4. 아이론 기의 온도는 모발 상태에 따라 120~140C°로 설정하여 와인딩 한다.

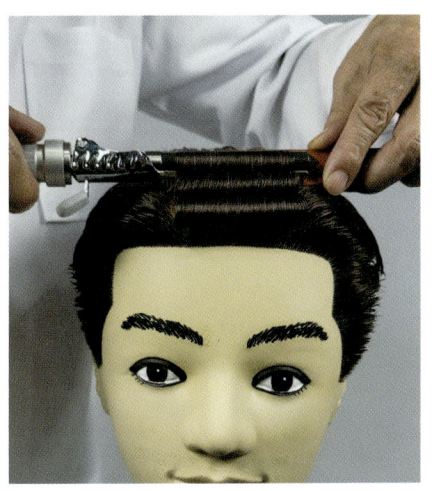

5. 아이론 빗 꼬리를 사용하여 프롱 지름만큼 슬라이스하여 아이론과 빗을 교차시켜 모발 결을 정리한 후 모발 뿌리 부분에서 와인딩 한다.

6. 사이드로 나오는 모발에 열을 주어 흐트러진 모발을 정리해 준다.

7. 우측 사이드 첫 번째 와인딩은 4cm~5cm 정도의 길이로 수평 방향 4번째 와인딩된 부분과 만나도록 사선 와인딩 한다.

8. 아이론을 모발과 분리할 때 역회전시킨 다음 빗살로 모발을 고정시키고 아이론 기만 살며시 빠져나온다.

9. 좌측 사이드 첫 번째 와인딩은 4cm~5cm 정도의 길이로 수평 방향 4번째 와인딩된 부분과 만나도록 사선 와인딩 한다.

10. 다섯 번째 와인딩은 수평 와인딩 아홉번째 와인딩 된 것과 만나도록 한다.

11. 아이론 펌 와인딩 개수와 흐트러짐이 없는지 확인한다.

12. 아이론 펌 와인딩이 끝나면 주변을 정리·정돈하고 진행요원의 지시를 기다린다.

MEMO

03
Chapter

짧은 단발형 이발 – 둥근형

Unit 1 | 짧은 단발형 (둥근형)
Unit 2 | 새치머리 염색
Unit 3 | 두피스케일링 및 좌식 샴푸와 스캘프 매니플레이션
Unit 04 | 아이론 펌

짧은 단발형 (둥근형)

Unit 1

❊ 요구 사항

짧은 단발형 (둥근형)	C.P : 3~4cm T.P : 2~3cm G.P : 3~4cm N.P : 클리퍼 4cm E.P : 클리퍼 3cm
제한시간	30분
작업 내용	빗과 클리퍼를 사용하여 도면과 같이 머리카락이 귀 부분을 덮지 않은 단정한 머리형으로 조발하시오. (단, 조발순서는 전두부에서부터 후두부 상단, 양측두부, 후두부 순으로 진행하고, 클리퍼는 넥라인(목 뒷부분) 4 cm 이하, 사이드 라인 3 cm 이하의 범위로만 사용하여 올려깎기 하시오.)
작업순서	① 커트 앞장치기 → ② 머리 물 분무하기 → ③ 거칠게 깎기 → ④ 숱고르기 (틴닝가위) → ⑤ 클리퍼 조발하기 → ⑥ 가위와 빗으로 커트하기 → ⑦ 천가분 칠하기 → ⑧ 수정 커트하기 → ⑨ 머리카락 및 커트보 정리하기 → ⑩ 뒷면도하기 → ⑪ 정리 정돈하기
유의사항	• 이발은 남성적이며 가지런하고, 현대적 감각의 자연스러움과 전체적인 색조와 균형이 이루어지도록 하시오. (뒷면도 포함, 클리퍼 사용 시 덧날 사용은 금지됩니다.) • 빗과 클리퍼로 마네킹 조발(지간잡기 금지) 후 숱고르기와 수정커트 하되, 숱고르기 시 틴닝가위, 수정커트 시 장가위를 사용하여 커트합니다.

❀ 짧은 단발형(둥근형) 완성작품

[정면]

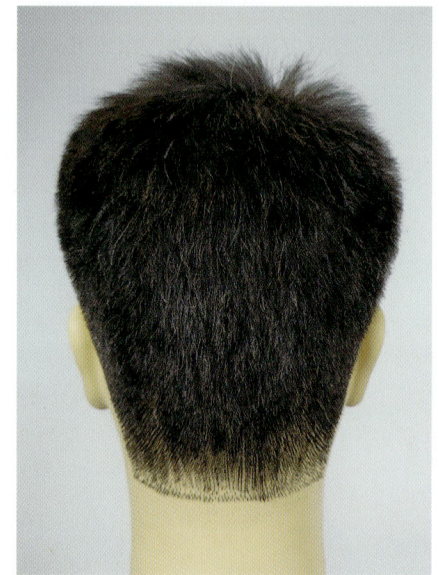

[뒷면]

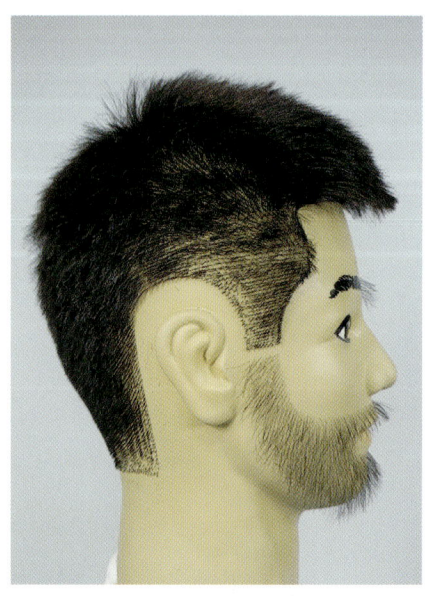

[우측면]

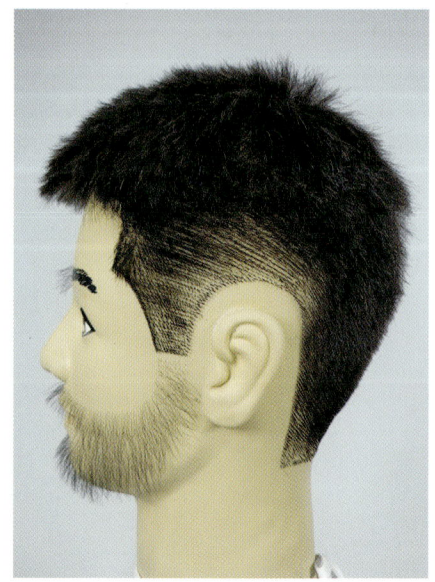

[좌측면]

❀ 짧은 단발형(둥근형) 도면

자격종목	이용사	과제명	짧은 단발형(둥근형)	척도	NS

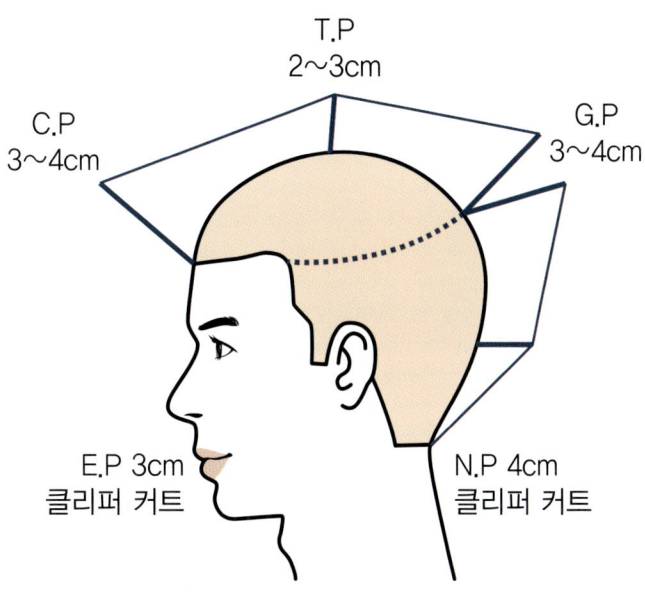

❄ 짧은 단발형(둥근형) 작업

1. 시험용 가발은 출시 상태 유지 (규정 변경)

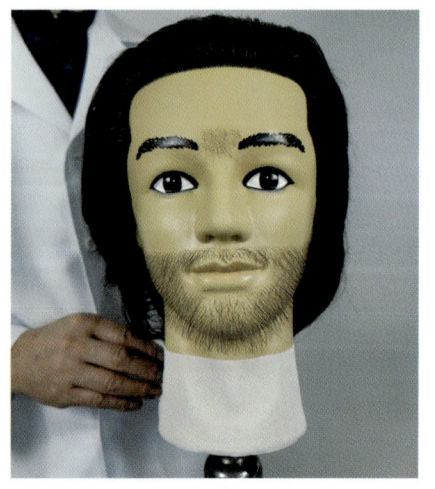

2. 넥 페이프를 앞쪽에서 뒤 방향으로 가지런히 감아준다.

3. 넥 페이퍼 위에 넥 타월을 가지런히 감아준다.

4. 넥 타월 위에 앞쪽에서 뒤 방향으로 커트 보를 착용시킨다.

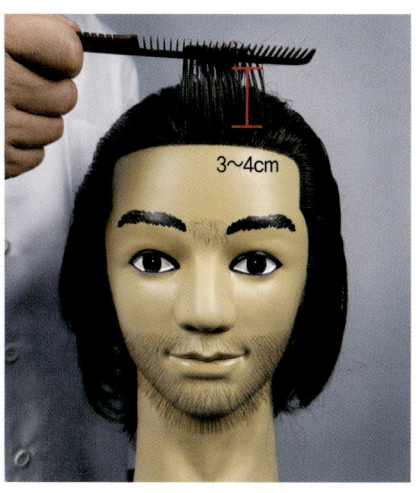

5. 센터 포인트(C.P) 모발 길이 3~4cm 확인한 후 클리퍼로 커트한다.

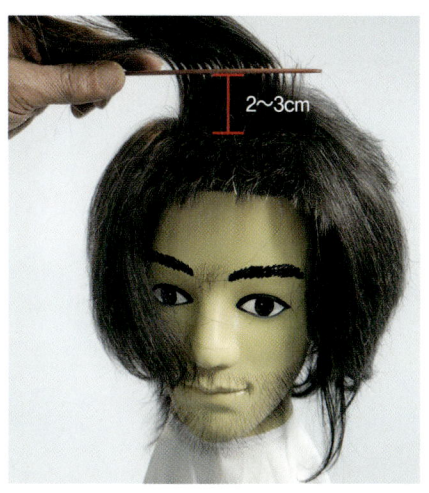

6. 톱 포인트(T.P) 모발 길이 2~3cm 확인한 후 클리퍼로 커트한다.

7. 우측도 센터 가이드 기준으로 커트한다.

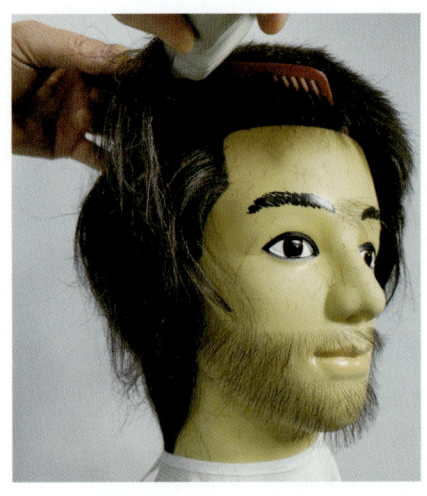

8. 클리퍼 커트 시 위치에 따라 모발 길이를 확인하여 커트한다.

9. 반복해서 사선 체크 커트한다.

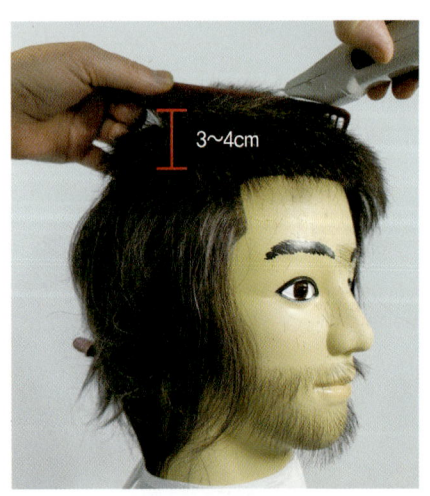

10. 체크 커트 시 두상 위치에 따라서 커트 된 모발 길이에 맞게 빗의 각도를 조절하여 커트한다.

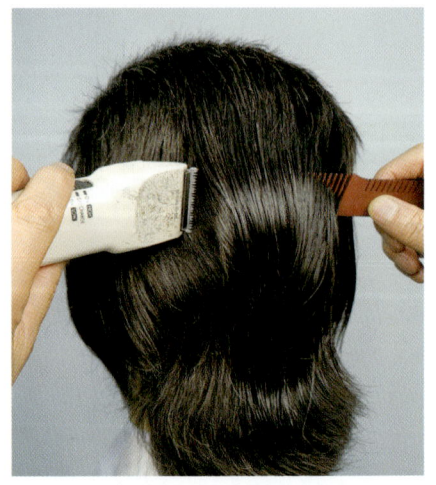

11. 백포인터(B.P)에서 골덴포인터(G.P)까지 연결 커트한다.

12. 우측 사이드 클리퍼 커트 시 빗의 각도는 자연시술 각 약 85°로 커트한다.

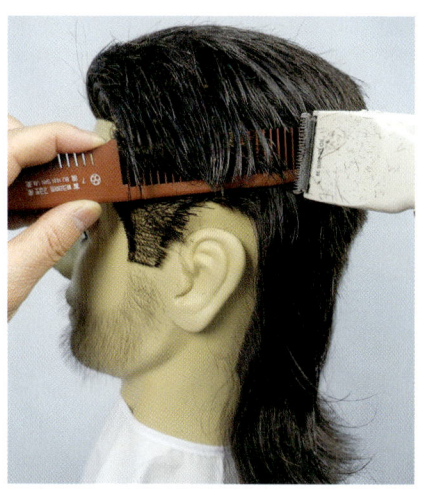

13. 좌측 사이드 클리퍼 커트 시 빗의 각도는 자연시술 각 약 85°로 커트한다

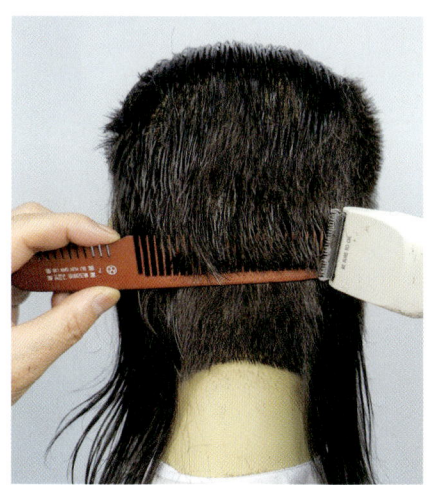

14. 네이프 클리퍼 커트 시 빗 등은 두피에 밀착시킨 후 자연시술 각 약 90°로 커트한다.

15. 네이프 사이드 부분 커트 시 빗 방향은 골덴 포인트 방향으로 진행한다.

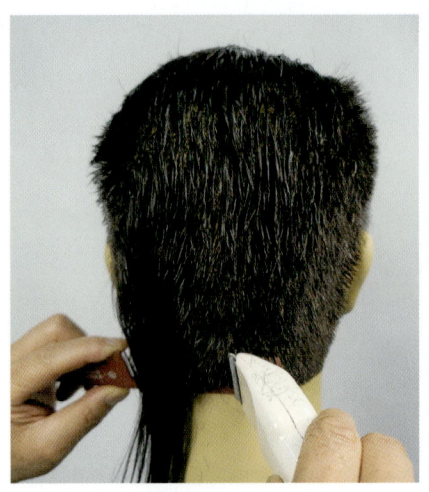

16. 반복 커트 방법으로 표면을 고르게 정리한다.

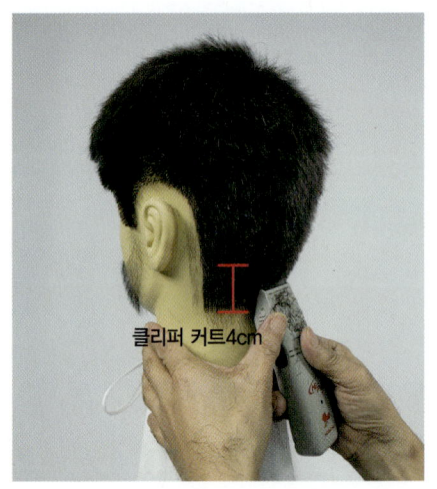

17. 네이프 라인 클리퍼 커트 시 자연시술 각 약 90°로 4cm 그라데이션(gradation) 커트 한다.

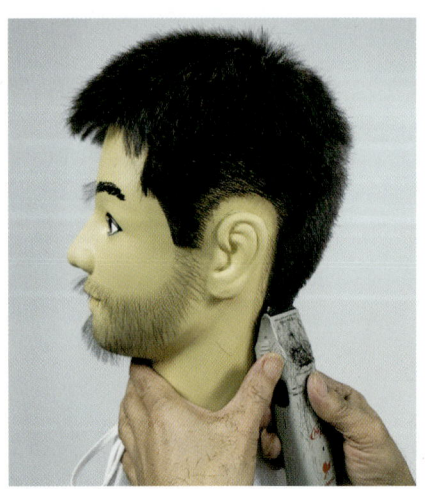

18. 네이프 사이드, 클리퍼 커트 시 자연시술 각 약 90°로 4cm 그라데이션(gradation) 커트한다.

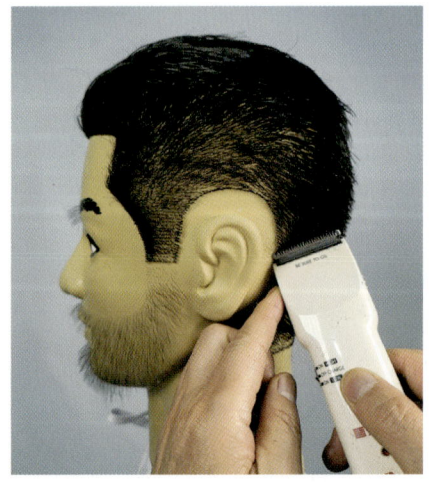

19. 이어 백 포인트(E.B.P) 클리퍼 커트 시 자연시술 각 약 85°로 3cm 그라데이션 커트한다.

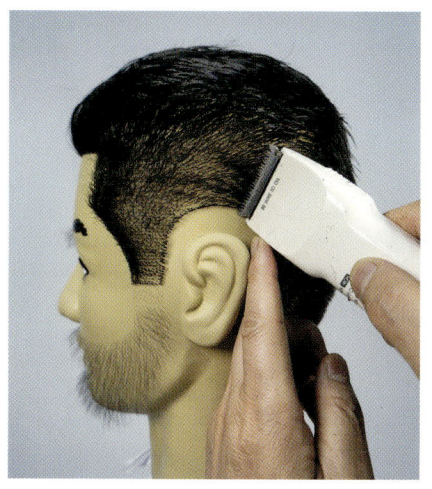

20. 이어 포인트(E.P) 클리퍼 커트 시 자연시술 각 약 85°로 3cm 그라데이션 커트한다.

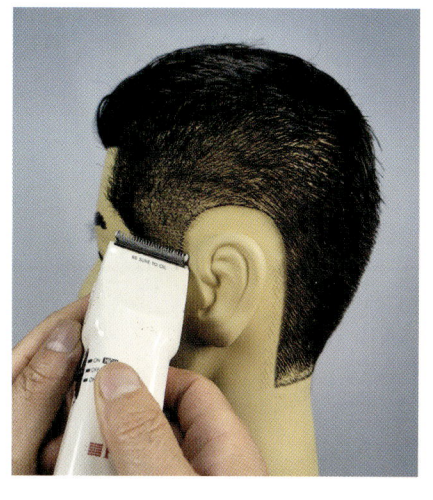

21. 좌측 사이드 코너 포인트(S.C.P)에서 이어 포인트(E.P) 방향으로 돌려 깎기 커트한다.

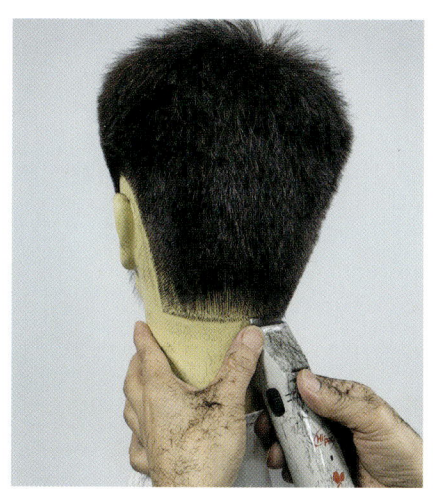

22. 네이프 사이드, 클리퍼 커트 시 자연시술 각 약 90°로 4cm 그라데이션(gradation) 커트한다.

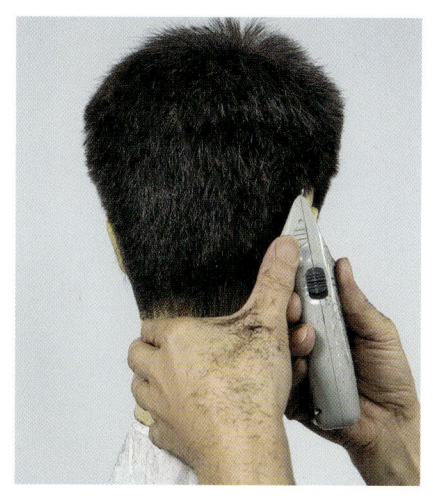

23. 이어 백 포인트(E.B.P)에서 클리퍼 커트 자연시술 각 약 85°로 3cm 그라데이션 커트한다.

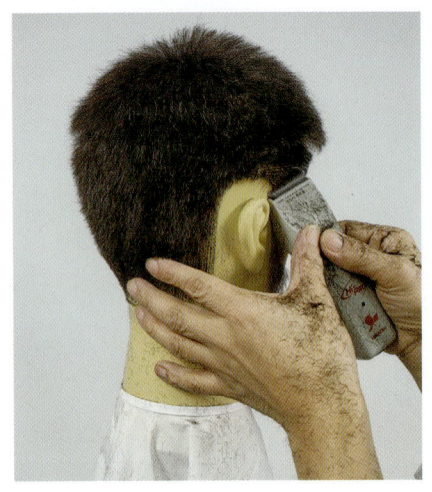

24. 우측 사이드 코너 포인트(S.C.P)에서 이어 포인트(E.P) 방향으로 돌려 깎기 커트한다.

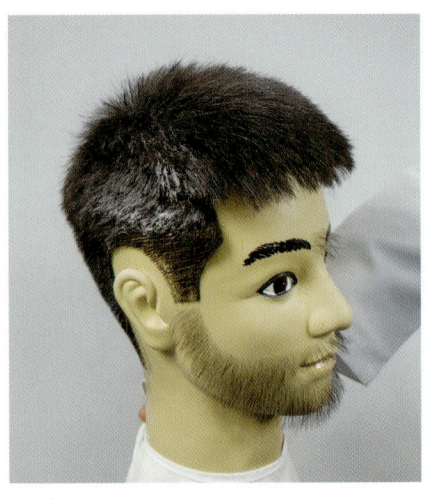

25. 천가분 도포는 접합부를 중심으로 고르게 도포해 준다.

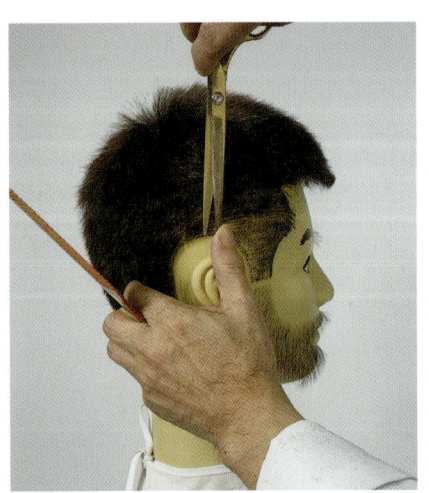

26. 수정 커트는 장가위로 싱글링 커트 및 밀어 깎기로 그라데이션 커트한다.

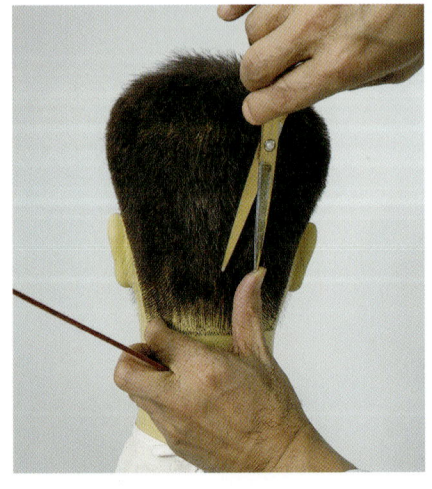

27. 후두부 수정 커트는 싱글링 커트 및 밀어 깎기로 접합부 부분을 그라데이션 커트한다.

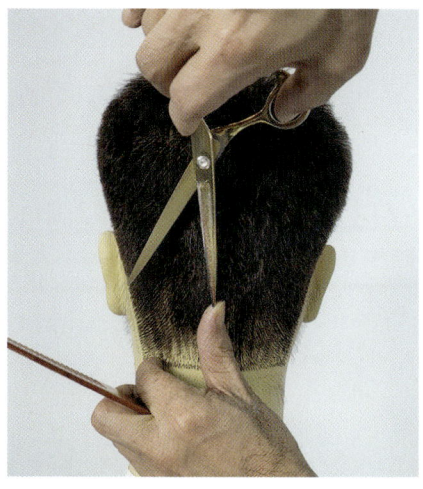

28. 밀어 깎기 시 장가위 정날을 왼손 엄지에 고정하고 빠른 개폐 작동으로 요철 부분을 그라데이션 커트한다.

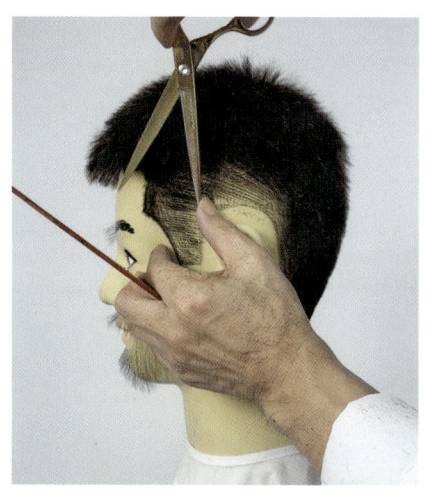

29. 이어 포인트(E.P)에서 좌측 사이트 코너 포인트(S.C.P)까지 싱글링 커트 및 밀어 깎기 기법으로 마무리한다.

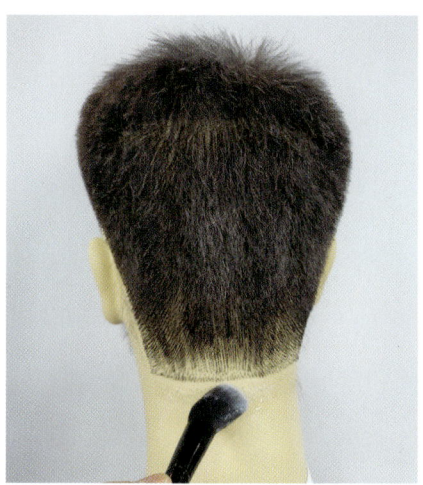

30. 라인 정리 후 쉐이빙 로션을 면도할 네이프 부분에 도포한다.

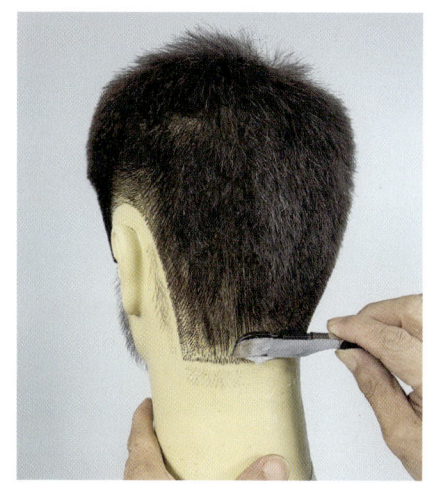

31. 네이프 라인은 프리 핸드기법으로 면도한다.

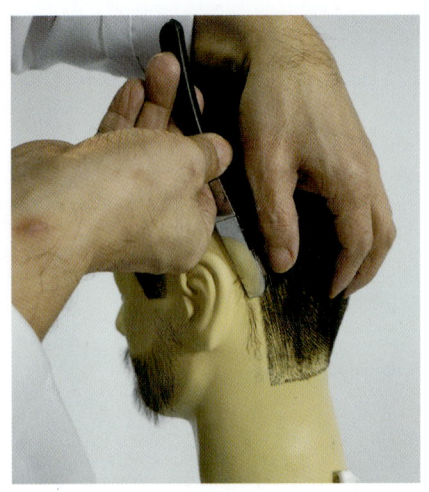

32. 좌측 백 사이드는 백핸드로 면도한다.

33. 커트 및 뒷 면도가 끝나면 주변을 정리·정돈하고 진행요원의 지시를 기다린다.

MEMO

새치머리 염색

Unit 2

❊ 요구 사항

제한시간	30분
작업 내용	마네킹의 전체 모발에 새치머리 염색을 하시오.
작업순서	① 새치머리 염색 준비하기 → ② 염색하기 → ③ 방치하기 → ④ 염색제 씻어내기 → ⑤ 드라이하기
유의사항	• 준비작업 시 앞장, 염색약 조제, 헤어라인 크림도포 등 염색에 필요한 작업을 하시오. • 염색방치 동안 주변 정리 작업을 하시오.

❃ 새치머리 염색 작업

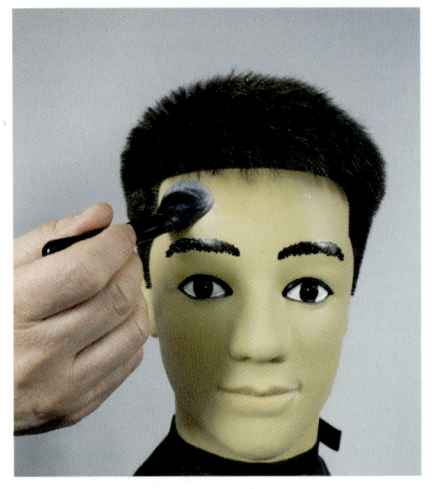

1. 새치 커버 염색 시술 전 피부 보호제를 헤어라인에 도포한다.

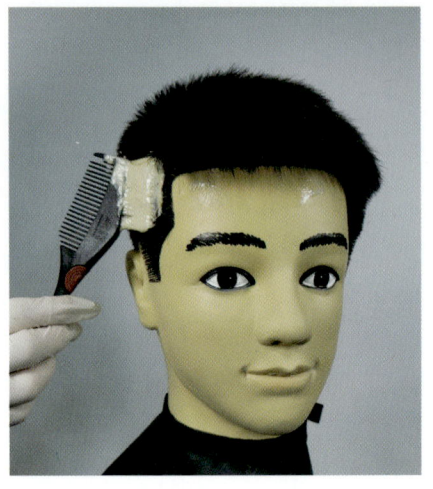

2. 새치 커버 염색 시 피부 및 얼굴 부위에 염모제가 묻지 않도록 주의하여 도포한다.

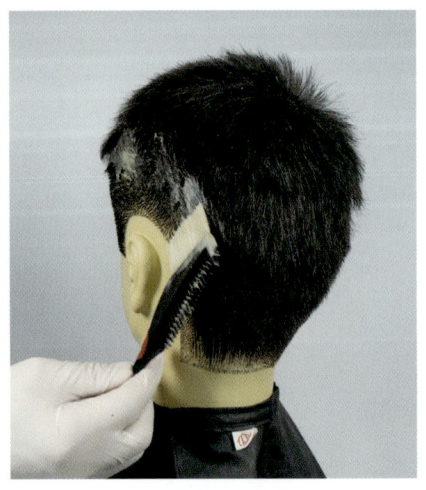

3. 좌측 사이드는 백사이드에 염모제가 흘러내리지 않도록 도포량을 조절하여 시술한다.

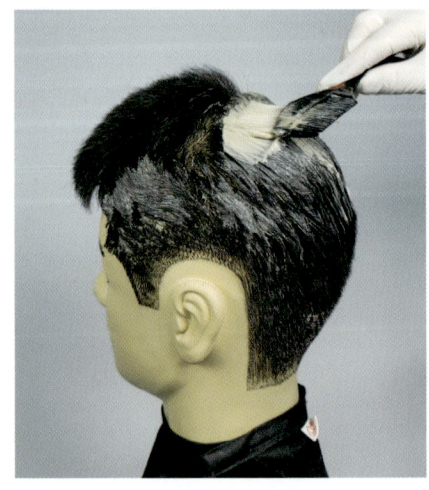

4. 후두부 염색 시 빗 꼬리를 사용하여 약 2cm 간격으로 섹션을 나누어 빗(comb)과 브러시(brush)로 고르게 도포한다.

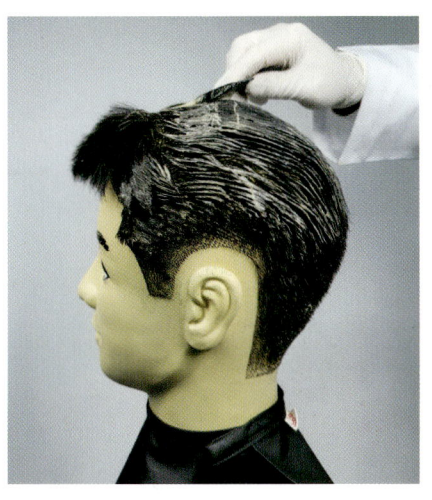

5. 두정부 도포 시 브러시(brush)와 빗(comb)을 교차하여 도포한다.

6. 두정부에서 전두부 방향으로 도포 시 얼굴 부분에 묻지 않게 주의하여 도포한다.

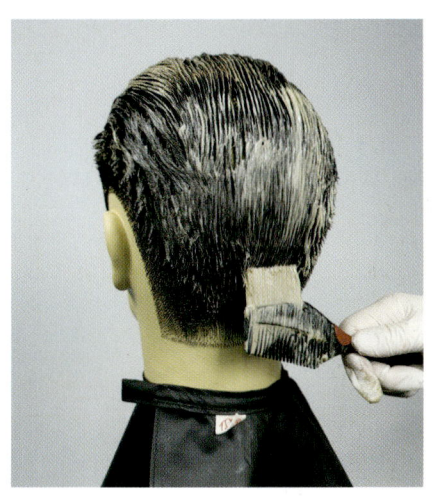

7. 백부분은 모근 부위까지 도포되도록 브러시와 빗으로 반복 교차하여 빗질해 준다.

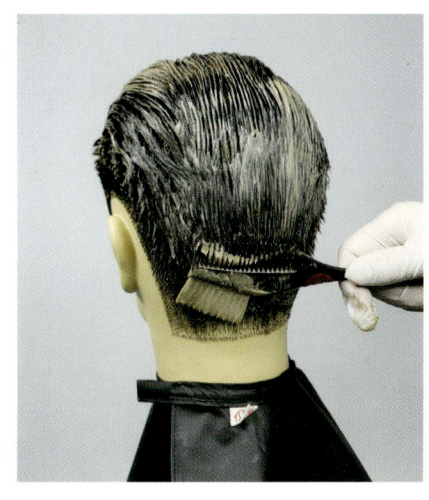

8. 네이프에서 브러시 각도를 낮추어서 염모제가 튀지않게 반복 교차하여 빗질해 준다.

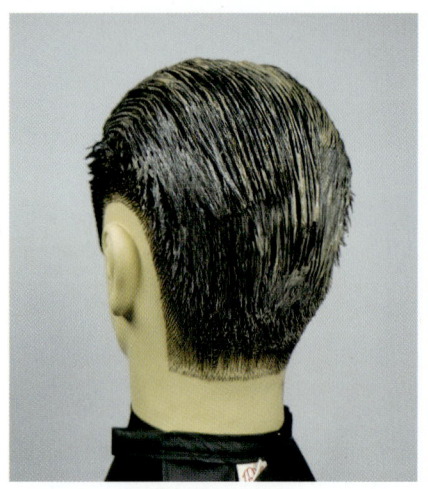

9. 새치 커버 염색 도포가 끝나면 주변을 정리·정돈한다.

10. 샴푸와 타월 드라이가 끝나면 주변을 정리·정돈하고 진행요원의 지시를 기다린다.

MEMO

두피스케일링 및
좌식 샴푸와 스캘프
매니플레이션

Unit 3

🌸 요구 사항

두피 스케일링 및 샴푸, 트리트먼트	두피 스케일링 및 좌식 샴푸와 스캘프 매니플레이션
제한시간	20분
작업 내용	스케일링 제를 사용하여 마네킹의 두피 전체를 스케일링한 후, 두발을 좌식 샴푸 및 정확한 동작으로 매니플레이션 하시오.
작업순서	① 세 발 앞장 치기 → ② 스틱 봉 만들기 → ③ 두피 스케일링하기 → ④ 샴푸 및 세척하기 → ⑤ 트리트먼트제 도포하기 → ⑥ 매니플레이션하기 → ⑦ 모발 세척하기 → ⑧ 얼굴 및 머리 부위 물기 제거하기 → ⑨ 타월 드라이하기 → ⑩ 정리·정돈하기
유의사항	• 두피 스케일링 시 스틱 봉(우드 스틱을 면으로 감은 후 거즈로 마무리, 4개 제조)을 3개 이상 사용하여 스케일링하시오. • 스케일링은 전두부, 두정부, 우측 두부, 후두부, 좌측 두부 순으로 작업하시오. • 샴푸 순서는 두정부, 전두부, 측두두, 후두부 순이며, 모발세척 시 마네킹의 두피에 샴푸제가 남아 있지 않도록 하시오.

❀ 두피 스케일링 및 좌식 샴푸와 스캘프 매니플레이션 작업

1. 두피 스케일링 전 모습

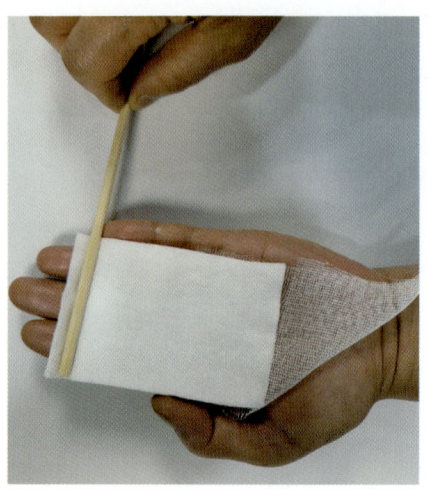

2. 우드 스틱을 솜으로 감은 후 거즈로 감싸준다.

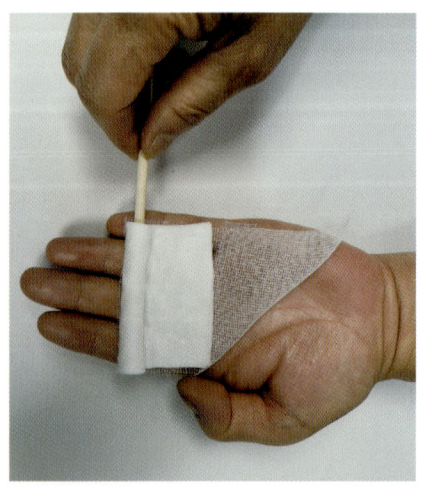

3. 거즈는 위쪽에서부터 나선형으로 내려오도록 끝 선을 삼각형이 되도록 접어서 감싸준다.

4. 아래쪽 끝부분에 종이테이프 등으로 풀리지 않도록 마감처리하고 4개 이상 준비한다.

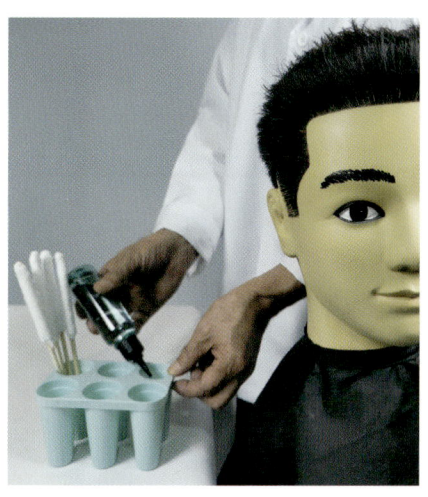

5. 우드 스틱을 모아서 보관하고 스케일링 제는 분리해서 준비한다.

6. 완성된 우드 스틱에 스케일링 제를 묻혀준다.

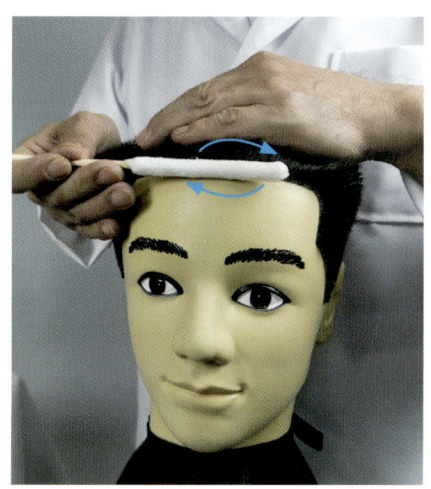

7. 전두부에서 시작하고 스케일링 제가 얼굴에 흐르지 않도록 주의한다.

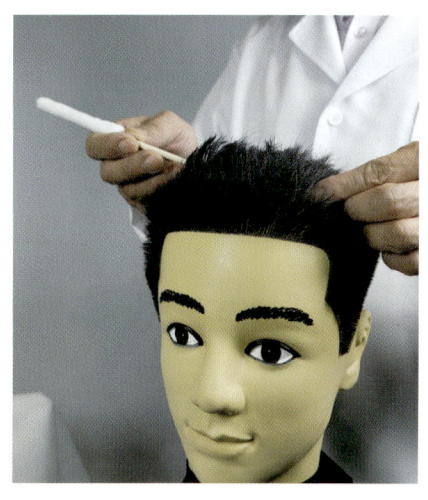

8. 전두부에서 두정부 순으로 섹션은 약 2cm 미만으로 나누어 시술한다.

9. 우측사이드에서 스케일링 제가 흘러내리지 않도록 주의하여 시술한다.(시험장에서 핀셋은 사용하지 않음)

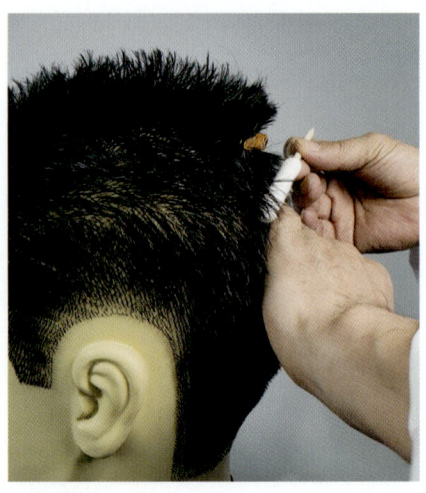

10. 후두부 스케일링 시 섹션은 2cm 미만으로 시술한다.

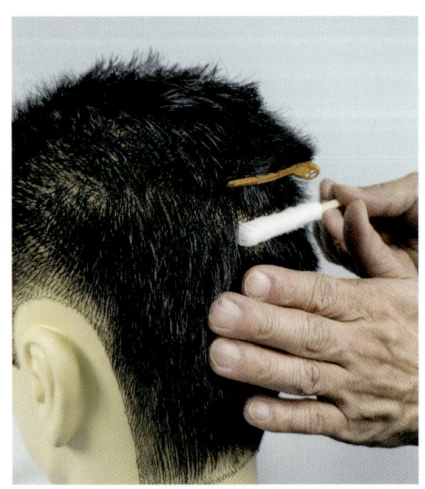

11. 우드 스틱에 말려있는 탈지면과 거즈가 풀어지지 않도록 주의한다.

12. 좌측사이드 스케일링 시 사용하지 않은 우드 스틱으로 교체 후 시술한다.

13. 스케일링 시술 후 좌식 샴푸 전 분무기로 모발에 물이 흘러내리지 않을 만큼 충분히 분무한다.

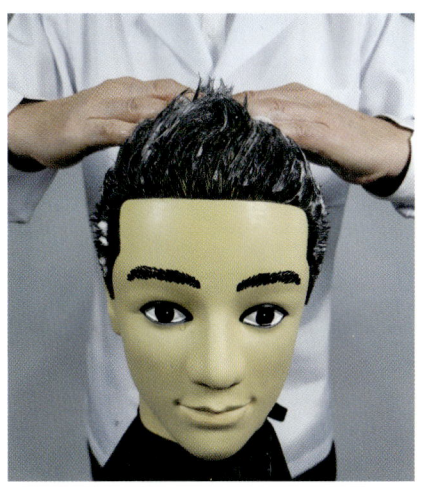

14. 손가락을 사용하여 샴푸제를 모발에 고르게 도포한다.

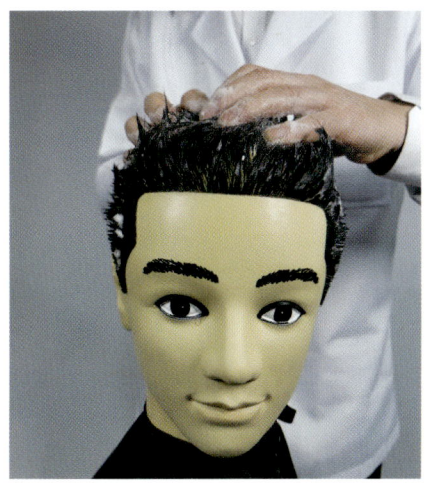

15. 거품이 얼굴에 흘러내리지 않도록 주의하여 마사지하며 샴푸한다.

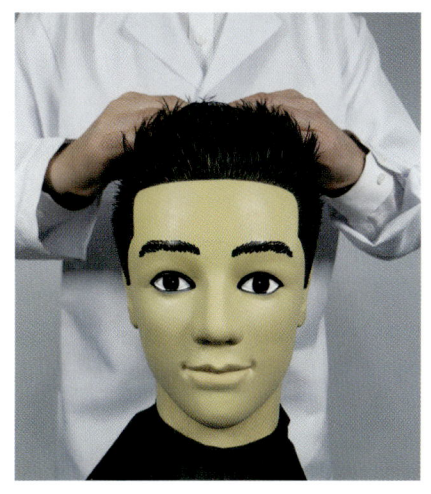

16. 샴푸제가 남아 있지 않도록 헹군 후 타월 드라이한다.

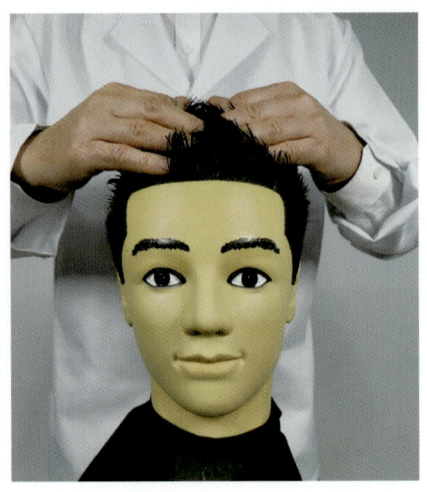

17. 샴푸 후 트리트먼트 제를 모발에 고르게 도 포하여 쓸어준다.

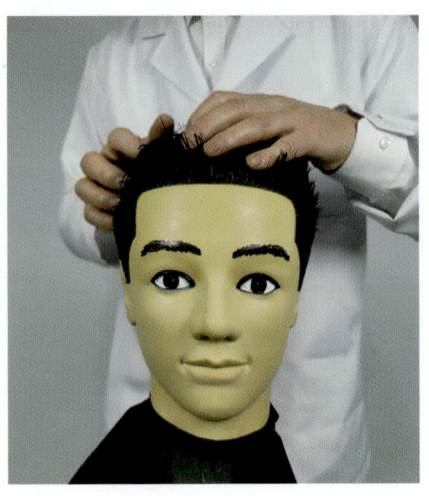

18. 사이드는 지그재그 기법 및 쓸어주기 기법 으로 마사지한다.

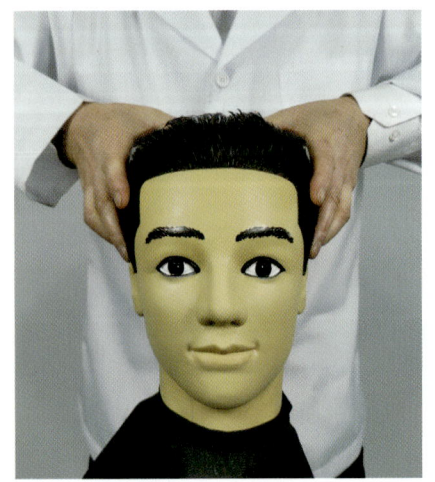

19. 신정, 곡차, 두유, 현로, 아문, 청궁 순으로 가볍게 눌러 마사지한다.

20. 타월 드라이 후 빗으로 머릿결을 정리하고 진행요원의 지시를 기다린다.

MEMO

아이론 펌

Unit 4

🌸 요구 사항

제한시간	20분
작업 내용	마네킹 천정부(인테리어 라인) 부위의 두발을 아이론 하시오.
작업순서	① 센터 중심으로 수평 와인딩하기 → 양쪽 사이드 사선 와인딩하기 → 정리·정돈하기
유의사항	• 배열, 균일성에 유의하여 와인딩 하시오. (6mm 아이론을 사용하여 센터 중심으로 수평 9개 이상, 양쪽 사이드 사선으로 5개 이상 와인딩 하시오.)

🌸 짧은 단발형(둥근형) 아이론 펌 도면

자격종목	이용사	과제명	짧은 단발형(둥근형)	척도	NS

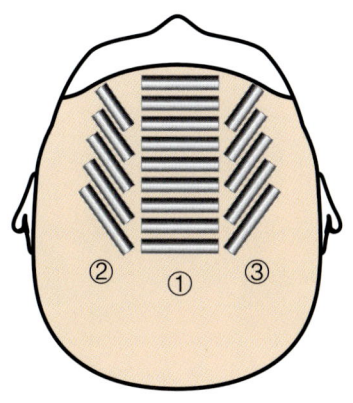

❀ 짧은 단발형(둥근형) 아이론 펌 작업

1. 아이론 전 네이프에 타월을 두르기를 한다.

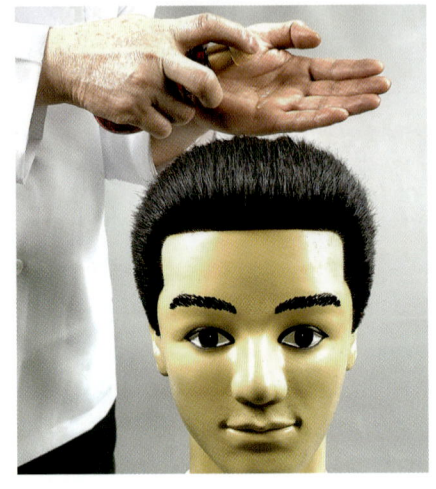

2. 아이론 오일(iron oil)을 동전 500원 크기의 양을 준비한다.

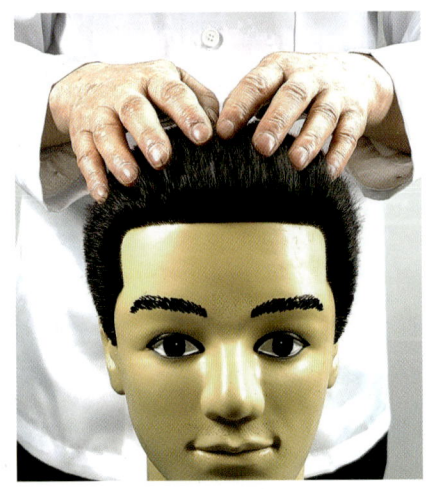

3. 아이론 오일(iron oil)을 고르게 도포 해 준다.

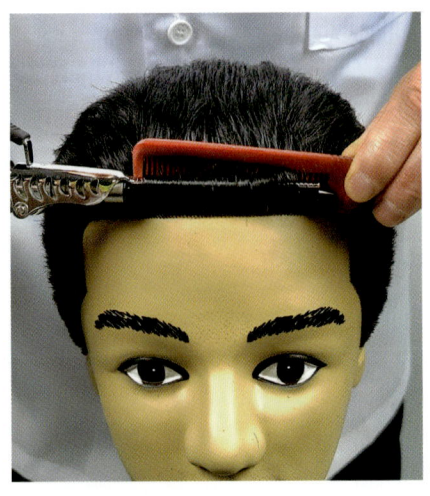

4. 아이론 6mm 준비하고 아이론 빗 꼬리를 사용하여 프롱 지름만큼 슬라이스하여 아이론과 빗을 교차시켜 모발 결을 정리한 후 모발 뿌리 부분에서 와인딩한다.

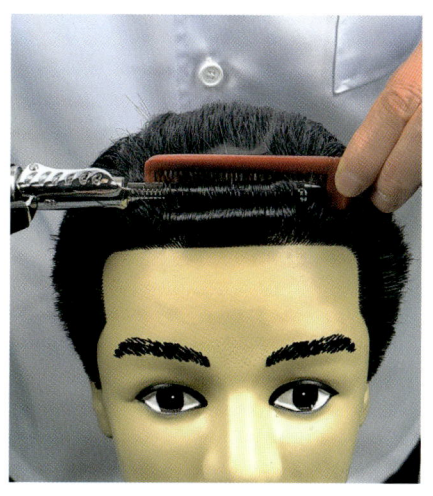

5. 와인딩 시 크기와 배열, 균일성 있게 시술한다.

6. 사이드로 나오는 모발에 열을 주어 흐트러진 모발을 정리해 준다.

7. 와인딩 시술 시 빗은 두피의 화상을 입지 않도록 항상 아이론 밑에 위치시키고 9개 이상 시술한다.

8. 우측 사이드 첫 번째 와인딩은 4cm~5cm 정도의 길이로 수평 방향 4번째 와인딩된 부분과 만나도록 사선으로 시술한다.

9. 좌측 아이론 와인딩 시 텐션을 일정하게 유지한다.

10. 아이론을 모발과 분리할 때 역회전시킨 다음 빗살로 모발을 고정시키고 아이론 기만 빠져나온다.

11. 좌측 사이드 첫 번째 와인딩은 4cm~5cm 정도의 길이로 수평 방향 4번째 와인딩된 부분과 만나도록 사선 와인딩 한다.

12. 다섯 번째 와인딩은 수평 와인딩 아홉 번째 와인딩 된 것과 만나도록 한다.

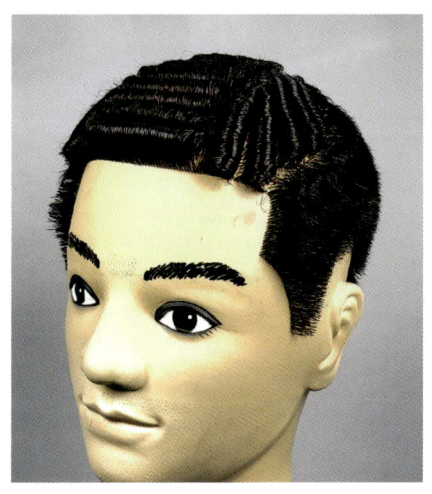

13. 아이론 펌 와인딩 개수와 흐트러짐이 없는지 확인한다.

14. 아이론 펌 와인딩이 끝나면 주변을 정리·정돈하고 진행요원의 지시를 기다린다.

Profile 저자 프로필

김영래
- 대한민국 이용 기능장
- 동양대학교 경영학 박사
- 서경대학교 미용예술학 석사
- 정화예술대학교 교수

김원중
- 한샘 이용원 대표
- 대한민국 이용 기능장
- 사) 이용장 중앙회 부회장
- 우석대학교 미용경영학 석사
- 정화예술대학(평. 교) 외래강사

신태민
- 할리 바버샵 대표
- 대한민국 이용 기능장
- 이용장 중앙회 기술강사
- 국제 기능대학교 졸업
- 백년가게 선정(이용부분)

양복수
- 미용그룹 YBS 대표
- 경희대학교대학원 사회복지학석사
- 서정대학교 겸임교수

NCS기반 **이용사 실기**

초 판 인 쇄	|	2020년 5월 20일
초 판 발 행	|	2020년 5월 30일
개 정 1 판 발 행	|	2022년 4월 15일
개정1판1쇄발행	|	2023년 1월 5일
개 정 2 판 발 행	|	2024년 2월 10일

저 자	|	김영래·김원중·신태민·양복수
발 행 인	|	조규백
발 행 처	|	도서출판 구민사
		(07293) 서울시 영등포구 문래북로 116, 604호(문래동 3가 46, 트리플렉스)
전 화	|	(02) 701-7421~2
팩 스	|	(02) 3273-9642
홈 페 이 지	|	www.kuhminsa.co.kr
신 고 번 호	|	제 2012-000055호(1980년 2월 4일)
I S B N	|	979-11-6875-342-6 (13590)
정 가	|	22,000원

이 책은 구민사가 저작권자와 계약하여 발행했습니다.
본사의 서면 허락 없이는 어떠한 형태나 수단으로도 이 책의 내용을 이용할 수 없음을 알려드립니다.